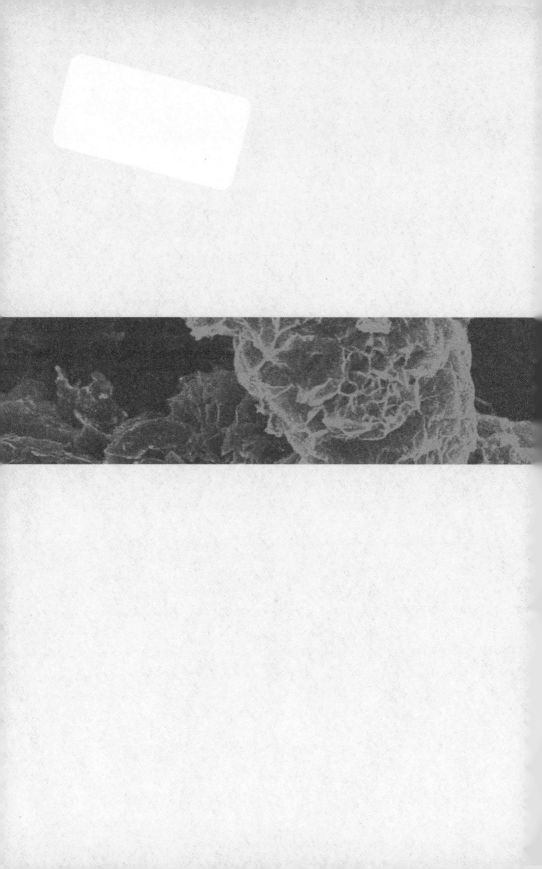

石墨层间复合材料制备及电容特性研究

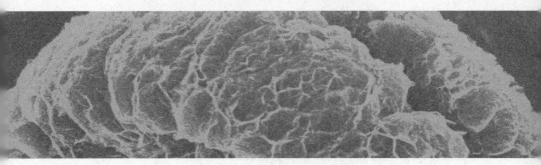

阚 侃 宋美慧 张伟君 张晓臣 著

黑龙江大学出版社
HEILONGJIANG UNIVERSITY PRESS

图书在版编目（CIP）数据

石墨层间复合材料制备及电容特性研究 / 阚侃等
著 . -- 哈尔滨：黑龙江大学出版社，2017.6
ISBN 978-7-5686-0101-6

Ⅰ . ①石… Ⅱ . ①阚… Ⅲ . ①石墨－复合材料－材料
制备－研究 Ⅳ . ① TB332

中国版本图书馆 CIP 数据核字（2017）第 089642 号

石墨层间复合材料制备及电容特性研究
SHIMO CENGJIAN FUHE CAILIAO ZHIBEI JI DIANRONG TEXING YANJIU
阚　侃　宋美慧　张伟君　张晓臣　著

责任编辑　李　丽　肖嘉慧
出版发行　黑龙江大学出版社
地　　址　哈尔滨市南岗区学府三道街 36 号
印　　刷　哈尔滨市石桥印务有限公司
开　　本　720×1000　1/16
印　　张　13.75
字　　数　185 千
版　　次　2017 年 6 月第 1 版
印　　次　2017 年 6 月第 1 次印刷
书　　号　ISBN 978-7-5686-0101-6
定　　价　41.00 元

前　言

　　超级电容器作为电化学能量储存装置具有重要研究意义。电极材料决定了超级电容器的各项性能和应用领域。因此，研究和开发新型高效的电极材料意义重大。本书基于对不同种类电极材料储能机理以及材料结构与电容特性关系的理解，在综述了超级电容器电极材料研究现状的基础上，以价格低廉、环境友好且易于加工的石墨和导电聚合物为研究重点，设计并合成了石墨层间复合材料，研究了所合成的复合材料的电容特性，实现了复合型的超级电容器用电极材料的功能导向设计、结构调控合成和电容特性的优化。

　　本书首先以膨胀石墨为碳骨架，采用插层辅助原位氧化聚合法分别合成了：类石墨烯/聚苯胺（PANI/EG），类石墨烯/聚吡咯（PPy/EG）和类石墨烯/聚 3,4 - 乙撑二氧噻吩（PEdot/EG）层间复合材料。通过对层间复合材料结构和形貌的表征探讨了形成机理，并进一步研究了 EG 和导电聚合物间的相互作用。通过调控复合材料的结构，优化复合材料的电容特性。

　　在本书出版之际，我要感谢我的博士生导师付宏刚教授。本书的研究内容是在导师付宏刚教授的悉心指导下完成的。从选题到研究方法的确立，以及撰写和修改无不渗透着付老师的心血。付老师对前沿科学的全面掌握、严谨务实的科研态度、学术创新的独到见解以及为人师表的学者风范都使我受益匪浅。其是我今后科研工作的楷模，值得我用一生去学习。本书是在国家国际科技合作专项项目（No. 2014DFR40480）和国家自然科学基金项目（No. 51401079）的资助下出版的。

本书的前言、第 1 章中的 1.1 节、第 3 章、第 4 章、参考文献及附录为阚侃著,1.3.2、1.3.3、1.4 节和第 2 章为宋美慧著,1.2.1 和 1.2.2 为张伟君著,第 1.2.3 至 1.3.1 为张晓臣著。

　　由于作者水平有限,本书中难免出现错误与不足之处,恳请各位同行专家和广大读者批评指正!

阚侃

2017 年 2 月

目 录

第1章 概述

进入21世纪以来,人类对化石类能源的依赖程度逐年升高。然而,化石类能源过度的使用,对环境所带来的污染问题始终困扰着我们。而且,有限的化石类能源终将枯竭,届时人们将无法维持整个社会的正常运转。因此,无污染的可再生能源成为新能源开发的热点。但这些新能源取自大自然,具有不稳定的缺陷。这也对能量的转换和存储提出了更高的要求。因此,研发具有能量运输和储存能力强,且循环性能优良的能量储存设备势在必行。

随着互联网技术的飞速发展,人们对电子产品的依赖性逐年增强,对电子产品的形状和大小也提出了更高的要求。作为电子产品电能来源的能量储存装置也面临着重大的技术挑战。超级电容器作为一种新型能量储存装置,不仅具有充电时间短、比容量大、功率密度高、使用温度范围宽和循环寿命长等优势,而且还可以满足微型化、柔性化和集成化等特殊要求。[1-3]其可以被广泛应用于新能源、消费电子产品、交通运输、国防科技和航空航天等诸多领域。因此,针对超级电容器的研究和开发在储能装置研究领域具有重要地位。

1.1 超级电容器概述

1.1.1 超级电容器简介

超级电容器(Supercapacitor)属于一种基于电极/电解液界面电化

学过程的储能装置,又称为电化学电容器(Electrochemical Capacitor)。作为一种新型能量储存装置,超级电容器具有以下优点[4-6]:

(1)超级电容器具有超高的能量密度和功率密度

超级电容器结合了传统电容器高功率密度和传统电池高能量密度的优势。能量密度可达到普通电容器的数十倍;功率密度可达10 kW/kg。

(2)超级电容器的充电时间很短,而且充电效率高

其可以实现短时间内的高功率输出,应用在需要快速且高功率输出电能的领域。

(3)超级电容器使用寿命很长

超级电容器在充放电过程中发生的反应具有较高的循环可逆性,因此循环充放电次数可达到数十万次。

(4)超级电容器的使用温度范围较宽

超级电容器在充放电过程中的比容量随温度衰减非常少,适用的温度范围可达 -40 ~ 80 ℃。在低温下的性能远远好于锂离子电池。

(5)超级电容器的自身寿命很长

虽然超级电容器在长时间放置时,会自放电到低压,但经过充电后可以迅速恢复原来状态。超级电容器电极材料在其电解液中非常稳定,因此自身的使用寿命很长,性能稳定。

(6)超级电容器的安全性高,对环境无污染

超级电容器所使用的电极材料和电解液相对稳定,操作安全性高,对环境没有污染。

在实际应用中,超级电容器由于具有以上优点而填补了传统电容器和电池应用领域中的空白,显示出了其强大的生命力。如图 1-1 所示,针对不同应用领域需求的超级电容器产品已经问世,并逐渐占领能量储存装置市场。这些不同种类的超级电容器已经被应用到太阳能与风力发电、混合动力汽车、轨道交通和国防军事等诸多领域中(图1-2)。

图 1-1 不同种类的超级电容器产品

图 1-2 超级电容器产品应用

1.1.2 超级电容器工作原理

超级电容器按照能量储存的原理可以划分为:双电层电容器、法拉第准电容器和混合型电容器 3 种。不同类型超级电容器的结构示意图如图 1-3 所示。[7]下面分别对不同类型超级电容器的工作原理进行介绍。

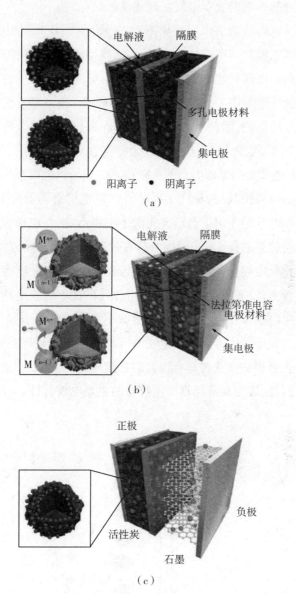

图 1－3　(a)双电层电容器,(b)法拉第准电容器,(c)混合型电容器[8]

1.1.2.1　双电层电容器

双电层电容器(Electric double－layer capacitor),主要是通过在电

极与电解液的界面形成双电层实现能量的储存的。

　　双电层电容器的工作原理如图 1 - 4 所示[8]，Helmholtz 最早提出的双电层理论模型如图 1 - 4(a)所示，该模型由带正电荷的金属电极和带负电荷的电解液组成双电层。两个电层间原子尺度的距离在电容器的充放电过程中发挥作用。由于 Helmholtz 模型没有包括电压对比电容大小的影响，因此 Gouy 和 Chapman 进行了改进。他们认为在电压的作用下，电解液离子在电极表面存在一个扩散层，见图 1 - 4(b)。在上述模型的基础上，Stern 将 Gouy - Chapman 模型中的扩散层分成了紧密层和扩散层，见图 1 - 4(c)。双电层电容器充电时，电解液离子在外电压的作用下会迅速向两个电极运动，在电极表面形成紧密的双电层储存电荷。放电时，电荷在静电吸引下向反方向运动，使双电层结构稳定存在，产生电流释放电能。[9] 在双电层电容器的整个充放电过程中，没有发生任何化学反应，只存在单纯的电荷迁移。这使得双电层电容器在充放电过程中能够不影响溶液的浓度，理论上可以有无限的循环使用寿命。双电层电容器的电极材料以碳材料为主。有较大比表面积的多孔碳具有很高的孔隙率，因而可以产生较高的双电层电容，其已成为商业化超级电容器的主要电极材料。

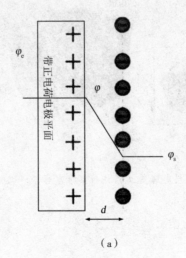

（a）

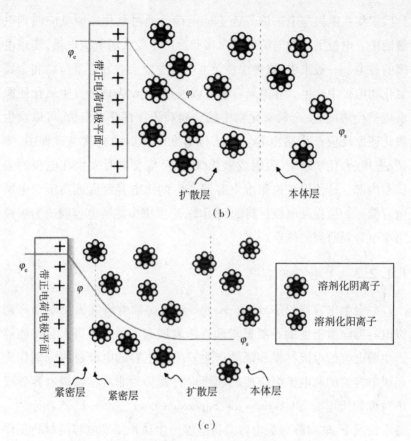

图 1 - 4　电极表面带正电的双电层电容器的 3 种物理模型

（a）Helmholtz 模型,（b）Gouy - Chapman 模型,（c）Stern 模型[8]

1.1.2.2　法拉第准电容器

　　法拉第准电容器（Pseudo - capacitor）又称为赝电容器,是由电极材料的活性物质与电解液离子之间发生快速可逆的掺杂/去掺杂、化学吸附/脱附或氧化/还原反应产生法拉第准电容来实现能量储存的。[10,11]如图 1 -3（b）所示,法拉第准电容器的充放电过程为:在充电时,电解液中的离子迁移到电极材料表面,并沿着电极材料的孔道渗入到电极内部,与电极材料表面和内部的活性物质均发生氧化还原反应,产生大量的正负电荷聚集在电极与电解液的界面上。在放电时,这些聚集在电极与电解液界面上的电荷会通过氧化还原反应回到电解液中。电极上这种电荷的定向移动会产生较大的响应电流,实现电极的放电。一般来讲,这种法拉第准电容主要会在导电聚合物和金属氧化物电极中产生。导电聚合物可以通过掺杂/去掺杂发生氧化还原反应产生赝电容;金属氧化物中的金属离子往往存在变价,可以发生氧化还原反应产生赝电容。在法拉第准电容器的充放电过程中,掺杂/去掺杂、化学吸附/脱附或氧化/还原反应会同时发生在电极的表面和内部。这使得法拉第准电容器产生的比电容要远远高于双电层电容器。如何提高电极材料的利用率,产生更多的赝电容就成为法拉第准电容器研究的热点。

1.1.2.3　混合型电容器

混合型电容器(Hybrid Supercapacitor)是随着研究人员对提高超级电容器能量密度的不断追求而逐渐发展起来的。科研人员将能够产生赝电容的电极材料和能够产生双电层电容的电极材料分别作为超级电容器的两电极组装成的超级电容器称为非对称超级电容器或不对称超级电容器(Asymmetric Supercapacitor)。如图 1 – 5 所示[12],通常情况下,非对称超级电容器将能够产生法拉第准电容的材料用作正极,将能够产生双电层电容的电极材料用作负极。在充放电过程中,两个电极能够同时发挥各自的优势,在赝电容和双电层电容的有效结合下,非对称超级电容器可以产生两种电容器叠加的能量密度。[13]在非对称超级电容器表现出较高能量密度的基础上,科研人员将超级电容器与其他种类储能装置结合起来,组装成了混合型电容器。[14]如图 1 – 6 所示[15],这种混合型电容器可以获得不同储能装置叠加的电位窗口和能量密度。

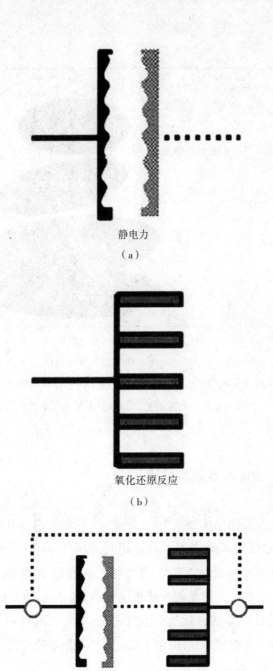

静电力

（a）

氧化还原反应

（b）

（c）

图 1-5 非对称超级电容器的示意图

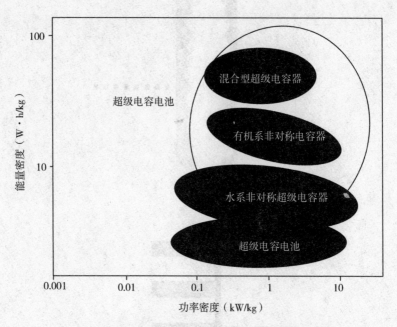

图 1 - 6　超级电容器、水系和有机系非对称超级电容器及
杂化电极材料组装的混合器件的能量比较示意图

1.1.3　超级电容器结构特点

超级电容器的结构如图 1 - 7 所示[7]，三电极超级电容器一般用来测试电极材料的电容特性。在应用时，按照实际需要，超级电容器可以被制作成对称超级电容器、纤维超级电容器、柔性超级电容器或微型超级电容器。无论是何种超级电容器，都是由其电极材料、电解液、集电极、隔膜、电极柱以及壳体组成的。[16]电极材料和电解液是超级电容器的主要组成部分，决定了超级电容器的各项性能。

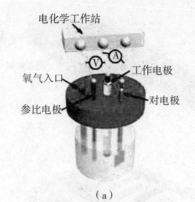

（a）

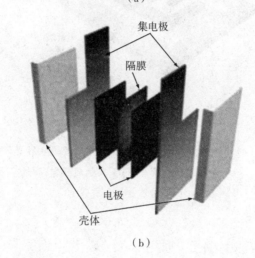

（b）

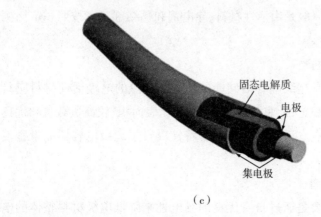

（c）

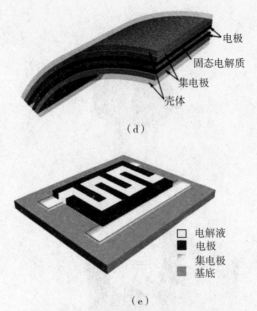

图1-7 超级电容器的结构示意图

(a) 三电极超级电容器,(b) 两电极超级电容器,

(c) 纤维超级电容器,(d) 柔性超级电容器,

(e) 微型超级电容器

1.1.3.1 电极材料

电极材料一般是由活性材料、导电剂和黏结剂三者按照一定比例混合制得的。

(1) 活性材料

活性材料是超级电容器储能的核心。理想的电极活性材料应具备良好的化学稳定性、良好的导电性、高比表面积、较高负载量和优良的润湿性等特点。活性材料的电容特性决定了超级电容器能量密度的大小。[17]

(2) 导电剂

导电剂主要是通过自身优良的导电性来降低电极材料整体的电阻和加速电子传递的,以此来提高超级电容器的比电容。目前,超级电容器的电极中常用的导电剂为乙炔黑(乙炔炭黑)、微粉石墨和活性炭等。

（3）黏结剂

黏结剂的主要作用为预防活性材料和导电剂从集电极上脱落,以及测试过程中电极材料膨胀变形。黏结剂要具有较高的机械稳定性和可操作性、超强的耐强碱能力及较强的黏结力强等特点。

1.1.3.2　电解液

电解液是超级电容器离子传递的媒介,是超级电容器最为重要的组成部分之一。电解液决定了超级电容器的电位窗口,对超级电容器的电容量、能量密度和功率密度、循环稳定性、热稳定性和界面电阻都有较大的影响。[7]因此,电解液要具备较宽的电化学窗口、良好的电化学稳定和热稳定性、适宜的离子尺寸、较高的离子电导率和较小的离子半径、较低的挥发性和毒性等特点。[18]如图 1-8 所示,超级电容器用电解液按照电解质种类可以分为:液体电解液、固态或准固态电解液及氧化还原活性电解液。在应用中,一般按照超级电容器的需求和所使用的电极材料选择合适的电解液。[19]

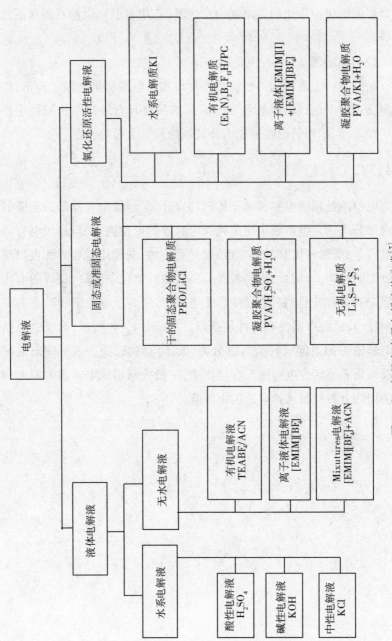

图 1 - 8 超级电容器电解液的分类[7]

1.1.4 超级电容器发展现状

1.1.4.1 发展现状

超级电容器的发展历程如图 1 – 9 所示。[20-22] 目前,日本松下电器产业株式会社、日本电气股份有限公司、德国爱普科斯有限公司和美国 Maxwell 公司等电子产品生产商在超级电容器产业化研究方面始终走在前沿。目前,很多国家都很重视超级电容器的研发,把该领域相关的研究项目列为重点支持项目。美国、日本、俄罗斯、法国和瑞士等国家在超级电容器研究领域有大量的技术储备和生产开发经验,生产的超级电容器产品几乎占领整个国际市场。

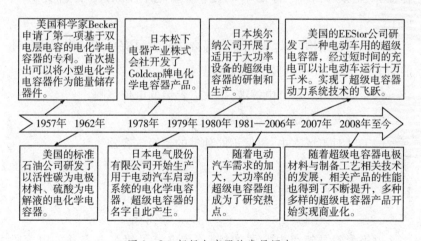

图 1 – 9 超级电容器的发展历史

世界各国生产的超级电容器各有特点,在性能和价格等方面都有自己的优势。目前,我国共有 60 余家公司从事超级电容器的研发。其中,已有十多家企业实现了超级电容器的批量生产,其所生产的超级电容器产品的技术水平与国际上的同类产品相当,占据了一定的市场份额。国内超级电容器生产的领军企业主要有:锦州凯美能源有限公司、上海奥威科技开发有限公司和北京集星联合电子科技有限公司等。值得一提的是,哈尔滨巨容新能源有限公司生产的超级电容器系列产品装载的轮胎式集装箱起重机在我国上海、天津和台湾的码头广泛应用,并出口美国和加拿大。上海市电力公司生产的超级电容器和锂离子电池混合型电动汽车已经在上海市的公交线路中运营。在国家的大力扶持下,江苏、陕西、河南和江西等省份的多家电源生产企业正在积极进军超级电容器这一新兴的市场。

1.1.4.2　发展方向

超级电容器作为能源开发的重要研究方向,引发了全世界科研人员研发的热潮。随着超级电容器产业化进程的推进,一些关键技术性难题逐渐凸现出来,这限制了超级电容器的进一步推广。分析超级电容器产业发展面临的技术问题,超级电容器的主要研究方向如下[23-25]:

(1)通过结构调控、材料复合等方法研发具有新颖结构和优异性能的电极材料,提高电极材料的比电容。

(2)通过研发新型电解液,扩大电容器的电位范围。

(3)开发具有新型结构的超级电容器。

(4)针对市场需求,研发不同种类的超级电容器。

1.2　超级电容器电极材料

电极材料是超级电容器的核心,其决定了超级电容器的电容性能、生产成本和应用领域。[26-27]因此,电极材料作为制约超级电容器发展的瓶颈成为研究热点。[28]目前,用于超级电容器的电极材料主要有金属氧化物、导电聚合物和碳材料,常见的电极材料见图1-10。[12]金属氧化物和导电聚合物都归属于赝电容电极材料。碳材料为双电层电极材料。基于不同的电容产生机理,导电聚合物、金属氧化物和碳材料的比电容有较大差异,图1-11为文献报道中不同电极材料的比电容值统计图。[29]下面我们分别介绍 3 种材料的研究进展。

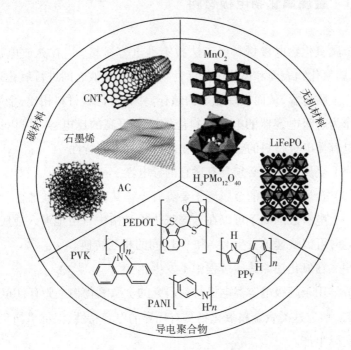

图 1-10 超级电容器电极材料分类示意图

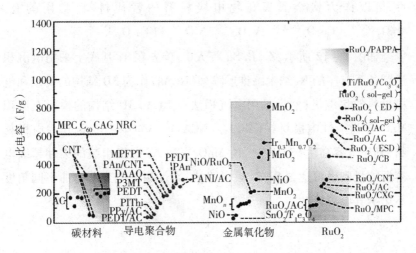

图 1-11 3 类电极材料文献报道中的比电容值统计图

1.2.1 金属氧化物电极材料

金属氧化物电极材料属于法拉第准电容材料。[30]在充放电过程中,金属氧化物表面和体相中的活性物质与电解液之间进行氧化还原反应产生赝电容,从而实现能量的储存。因此,与碳材料相比,金属氧化物作为超级电容器的电极材料能够产生更高的比电容。可以用作超级电容器电极材料的金属氧化物需要具有下列特性[31-32]:

(1)金属氧化物必须具有适宜的导电性。

(2)金属氧化物的金属离子要具有连续共存的多种氧化态。

(3)电解液的离子可以在金属氧化物晶格中自由地渗入或脱出,充放电时可以快速地发生 O^{2-} 和 OH^- 间的相互转换。

(4)在氧化还原反应过程中不发生相变。

最早用于超级电容器电极材料研究的金属氧化物主要有:RuO_2 和 IrO_2 等。[33-34]这类贵金属氧化物具有优异的电容特性,但价格昂贵,不适合实际生产。

半导体金属氧化物除了具有上述特性外,还具有较好的赝电容特性,可以作为贵金属氧化物电极材料的替代材料,常用的有:$MnO_2^{[35-40]}$、$Co_3O_4^{[41-42]}$、$V_2O_5^{[43]}$、$NiO^{[44]}$ 和 $Fe_3O_4^{[45-46]}$ 等。

如图 1-12 所示,Z. J. Su 等人[47]首先在 Ti 基底上采用电沉积法制备了有序的 Ni 纳米圆锥形阵列(NCAs)作为 3D 结构的模板和电极材料的集电极;然后采用电沉积法在 NCAs 3D 结构的模板上沉积 MnO_2 作为活性电极材料(MnO_2 - NCAs)。MnO_2 - NCAs 作为电极材料,其比电容高达 632 F/g。由 MnO_2 - NCAs 电极组装的柔性超级电容器能量密度可达到 52.2 W·h/kg。柔性超级电容器弯曲不同角度不影响其电容特性。

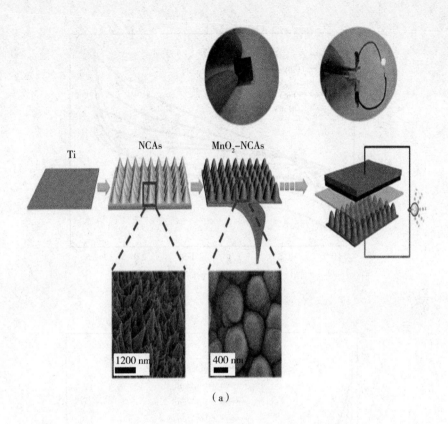

Ti NCAs MnO$_2$–NCAs

1200 nm 400 nm

（a）

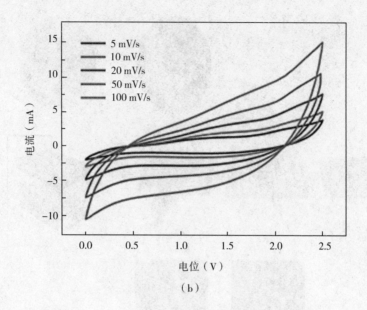

（b）

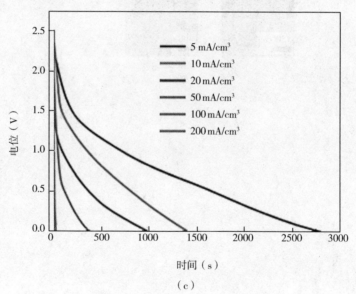

（c）

(d)

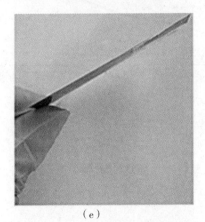

(e)

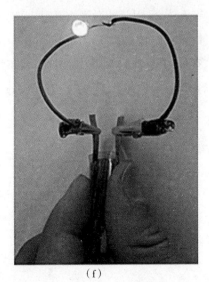

(f)

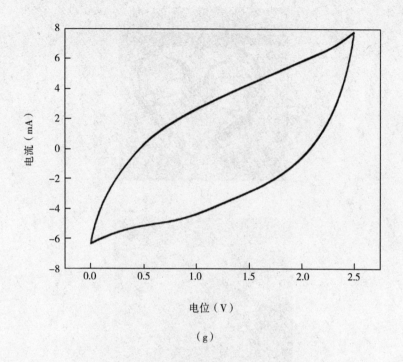

（g）

图 1 – 12　MnO_2 – NCAs 的形成机理图、
形貌和柔性超级电容器性能测试图

　　S. D. Perera 等人[48]采用脉冲激光沉积法,以碳布为导电基底制
备了 V_2O_5 纳米管簇(VNTs)。如图 1 – 13 所示,V_2O_5 纳米管簇均匀地
包覆在碳布表面。其以所制备的 VNTs 为正极,碳布为负极,组装了非
对称扣式超级电容器。当功率密度为 1.2 kW/kg 时,能量密度为
11.6 W · h/kg。

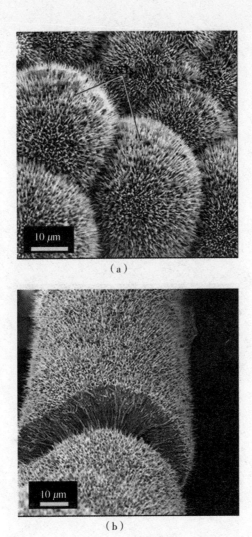

（a）

（b）

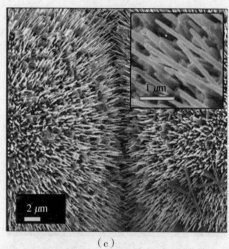

(c)

(d)

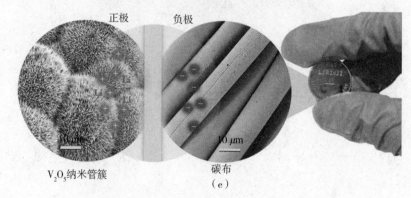

(e)

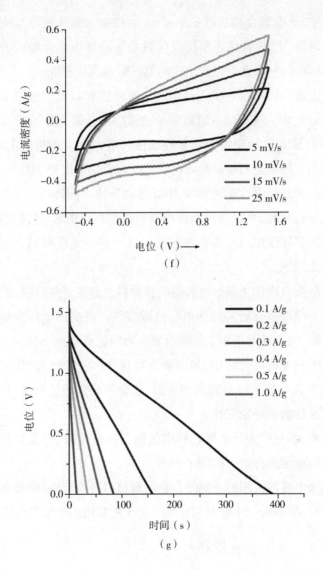

图 1 - 13　V_2O_5 纳米管簇的形貌和超级电容器电化学测试图[47]

1.2.2　导电聚合物电极材料

导电聚合物电极材料是通过产生赝电容来存储能量的。在充放电过程中,导电聚合物通过发生掺杂/去掺杂的氧化还原反应产生法拉第准电容。[49]该氧化还原反应同时发生在导电聚合物的表面和内部,且高度可逆,因此可以产生大的电容量和能量密度。

导电聚合物是指一类主链由碳—碳单键和双键交替组成的具有共轭大 π 键的人工合成有机高分子,被称为"合成金属"。[50]导电聚合物独特的导电机理和物理化学性能使其可以成为理想的电极材料。调控掺杂剂的种类和掺杂量可以使导电聚合物的电导率发生变化,使导电聚合物的导电性在绝缘体、半导体和导体之间转换。导电聚合物作为电极材料时,可以通过调控掺杂剂提高其利用率,通过促进掺杂/去掺杂的氧化还原反应提高电容量。这一特性是碳材料和金属氧化物无法比拟的。[51]

导电聚合物作为超级电容器电极材料也存在一些问题。[52-54]

(1)导电聚合物的操作电压范围较窄。过高的电压会导致聚合物的分解;而过低的电压会使导电聚合物转化成非掺杂态。

(2)在充放电过程中,导电聚合物掺杂/去掺杂的氧化还原反应会引起聚合物分子链的膨胀和萎缩,这会导致分子链断裂,从而降低导电聚合物的循环稳定性。

因此,如何扩大导电聚合物电极的工作电位窗,以及如何增加循环稳定性成为亟待解决的两个难题。

超级电容器常用的导电聚合物电极材料有聚苯胺、聚吡咯和聚3,4-乙撑二氧噻吩。下面分别介绍上述 3 种常用的导电聚合物。

1.2.2.1　聚苯胺电极材料

聚苯胺(PANI)作为超级电容器的电极材料表现出高的电导率和电化学活性。[55]除此之外,PANI 价格低廉且制备工艺简单,被认为是最具应用前景的导电聚合物。影响 PANI 电容特性的因素有很多,调控 PANI 的合成方法、形貌结构以及掺杂剂的种类与用量,可以使 PANI 电极材料的比电容发生很大的变化。[56]增大 PANI 的比表面积可以增加其与电解液的接触面积,加速电解液离子在电极材料内部的扩散,有效提高 PANI 的赝电容。[57]

PANI 具有很好的结构可调控性,通过控制合成的条件可以得到不同形貌且具有较大比表面积的 PANI。研究表明,具有不同形貌的 PANI,如微球、纤维和纳米管等[58-60]作为电极材料均具有较高的比电容。如图 1-14 所示,K. Wang 等人[61]采用原位聚合法制得了 PANI 纳米线阵列,并以 H_2SO_4-PVA 凝胶电解质组装了柔性对称超级电容器。该超级电容器具有可以通过颜色显示能量储存状态的特点,而且具有良好的柔韧性、很好的倍率特性和循环稳定性。

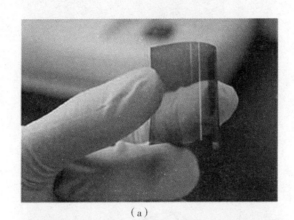

(a)

(b)

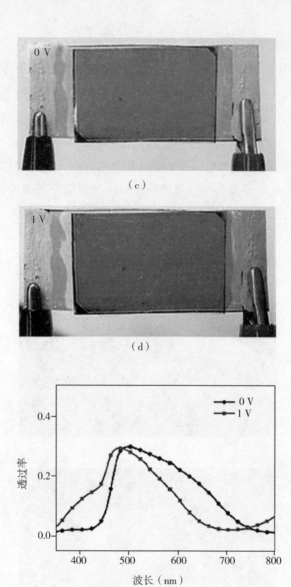

（c）

（d）

（e）

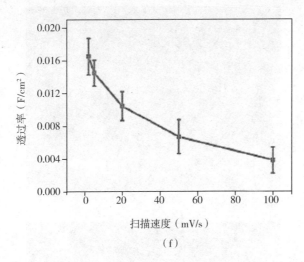

（f）

图 1 – 14 PANI 纳米线的形貌图片和柔性对称超级电容器性能测试图

1.2.2.2 聚吡咯电极材料

聚吡咯（PPy）属于本征型导电聚合物，具有 C ═C 键和 C—C 键交替排列成的大共轭 π 键，因而具有优异的电导率。[62-63] 因此，PPy 作为电极材料在酸性电解液中表现出良好的电容特性。PPy 制备过程简单，化学稳定性好且价格低廉。[64] 然而，PPy 也与其他导电聚合物一样，具有较差的倍率特性和循环稳定性。因此，提高 PPy 的比电容和稳定性就成了 PPy 的研究热点。[65-67] 掺杂剂的引入和结构的调控都可以改善 PPy 的电容特性。Z. X. Wei 等人[68] 以金纳米颗粒为异相成核活性位，采用电化学聚合法制备了大面积排列均匀的 PPy 纳米线阵列，并同时合成了 PPy 膜和 PPy 纳米线网样品作为对比样。如图 1 – 15 所示，PPy 纳米线的直径为 80 ~ 100 nm，长度为 1 ~ 4 μm。PPy 纳米线阵列比电容为 566 F/g，高于 PPy 膜和 PPy 纳米线网电极。经过数百次充放电循环测试后，PPy 纳米线阵列电极的比电容保留率为 70%。

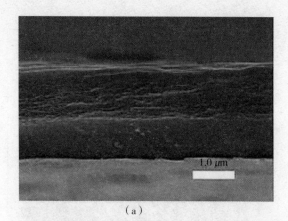

（a）

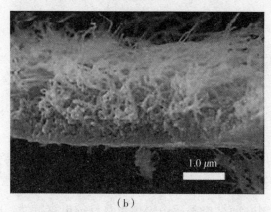

（b）

（c）

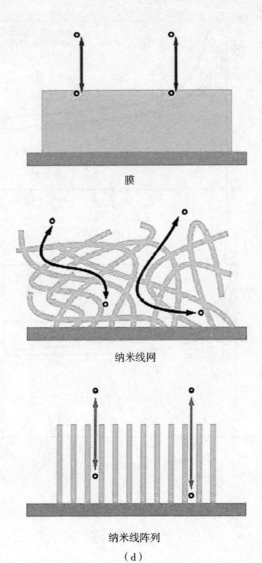

膜

纳米线网

纳米线阵列

（d）

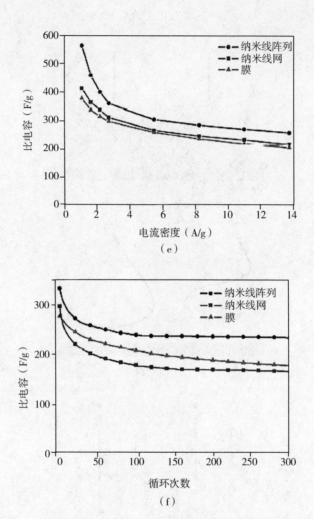

图 1-15 PPy 膜、PPy 纳米线网和 PPy 纳米线形貌、阵列的形成机理图和电化学测试图

1.2.2.3 聚3,4-乙撑二氧噻吩电极材料

聚 3,4-乙撑二氧噻吩(PEdot)作为超级电容器电极材料具有独特的优势。[69]与其他导电聚合物相比,PEdot 的聚合物分子链呈线形,在掺杂/去掺杂的循环过程中更加稳定,且具有更高的循环稳定性。[70]适当掺杂后的 PEdot 具有较高的电导率和较大的电位窗口。[71]

因此,PEdot 成为研究较多的聚噻吩衍生物。

　　针对 PEdot 作为超级电容器电极材料时比电容低的问题,科研工作者做了大量的工作。研究表明,在 PEdot 分子链中引入掺杂剂可以有效阻止线形 PEdot 自身的团聚,并提高 PEdot 的电导率。[72-73]这是由于引入的掺杂剂可以与 PEdot 上的硫相互作用,使聚合物分子链舒展开;同时可以改变 PEdot 的价态,提高 PEdot 的导电性能。PEdot 的掺杂剂主要为阴离子掺杂的 p 型掺杂剂,如:聚苯乙烯磺酸(PSS)、甲基苯磺酸、樟脑磺酸和氨基磺酸等。[74-76]PSS 作为掺杂剂可以与PEdot相互作用形成有序的结构,加速正电荷的转移。如图 1 - 16 所示,H. N. Alshareef等人[77]在酸处理的纸上制备了 PEdot/PSS 纸膜。PEdot/PSS纸膜的比电容为 327 F/cm^3。并且他们以所制备的薄膜为电极分别组装了水系和离子凝胶电解质柔性超级电容器。水系和离子凝胶电解质柔性超级电容器的比电容分别为 32 mF/cm^2 和 11 mF/cm^2;10 000 次充放电循环测试后其比电容保留率达到80%。

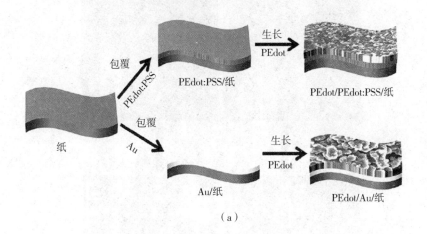

（a）

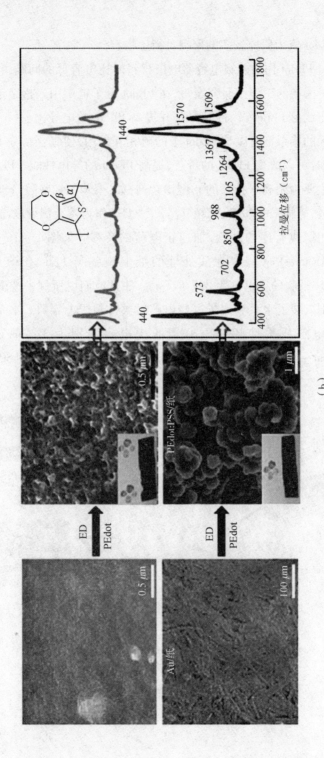

（b）

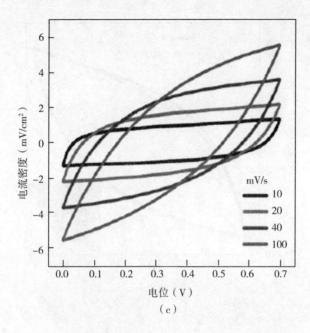

（c）

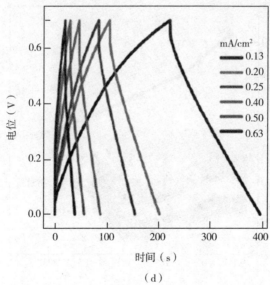

（d）

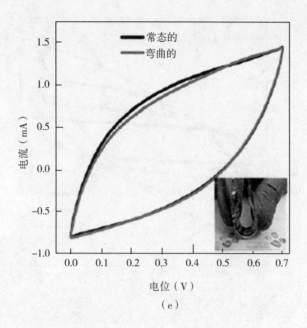

（e）

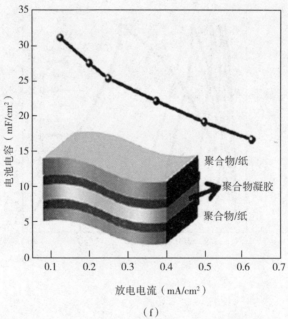

（f）

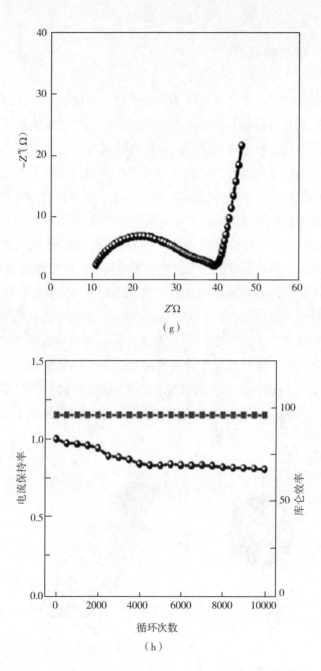

图 1 – 16　PEdot/PSS 纸膜的形成机理图、形貌和电化学测试图

1.2.3 碳电极材料

　　碳电极材料是通过双电层来实现能量的存储的。碳材料具有高比表面积和良好的循环稳定性等优点,发展迅速,已成为研究最为深入的超级电容器电极材料。[78]碳材料到目前为止依然是商业超级电容器最为重要的电极材料。决定碳材料作为超级电容器电极材料电容特性的因素主要有:空间结构和导电性能。碳材料的外表面与电解液离子的有效接触可以形成双电层电容。因此,只有具有与电解液离子大小相当的孔径的碳材料才能最大限度地增大接触面积,将电容特性发挥出来。良好的导电性可以为电子的转移提供低电阻通路,可以使超级电容器具有高的倍率特性和较长的循环寿命。提高结晶度可以使碳材料的导电性提高。然而,碳材料结晶度的增强在通常情况下会伴随着比表面积的下降。因此,制备出同时具有适合的空间结构和较好的导电性的碳材料是十分必要的。如图 1 - 17 所示,近 30 年来人们对碳材料进行了深入的研究,不同维度的碳材料先后被研制出来。[80-87]因此,研发具有独特微观结构的新型碳材料就成了非常有意义的工作。

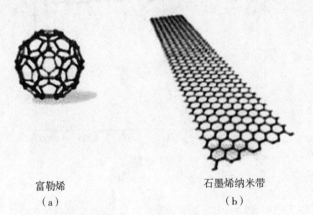

富勒烯　　　　　　　　　　石墨烯纳米带
（a）　　　　　　　　　　　（b）

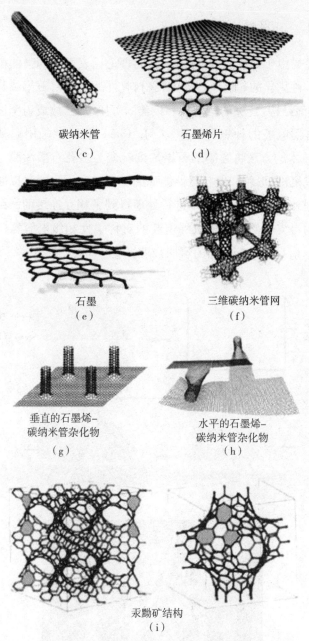

碳纳米管
（c）

石墨烯片
（d）

石墨
（e）

三维碳纳米管网
（f）

垂直的石墨烯–
碳纳米管杂化物
（g）

水平的石墨烯–
碳纳米管杂化物
（h）

汞黝矿结构
（i）

图 1 – 17　不同维度的 sp^2 杂化的碳纳米结构

1.2.3.1   石墨烯电极材料

石墨烯由于具有高的导电性、大的理论比表面积和强的机械性能而成为一种优异的超级电容器电极材料。除此之外,石墨烯具有超薄的 2D 平面结构、良好的柔韧性和极佳的可压缩性,故成为全固态柔性超级电容器电极的理想材料。[88-92] J. Chen 等人[91] 采用一种被称为"发酵"技术的方法将紧凑的石墨烯纸转变为多孔石墨烯膜。石墨烯膜的形成机理、形貌和电容器性能如图 1-18 所示。同时以肼蒸气作为发泡剂和还原剂,对石墨烯进行处理得到了相互连接的海绵状石墨烯。采用自支撑的石墨烯海绵组装的对称柔性超级电容器的比电容为 110 F/g,且其具有很高的弯曲强度。

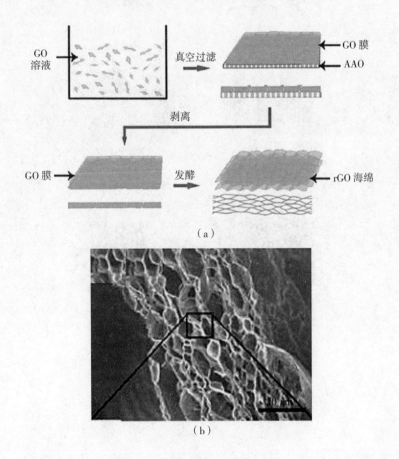

（a）

（b）

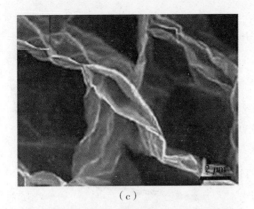

（c）

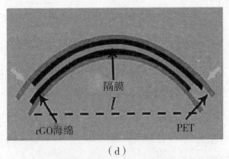

（d）

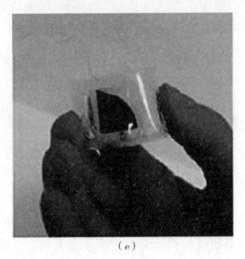

（e）

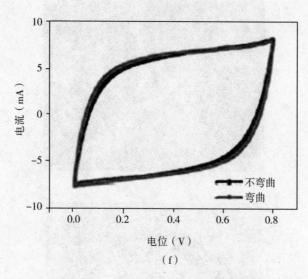

图 1 – 18　海绵状石墨烯的形成机理、形貌和柔性超级电容器性能测试图

　　石墨烯作为电极材料在制备和处理过程中,受到材料堆叠团聚、电解液难以浸润和比表面积利用率低的影响,很难达到理论比电容。因此,现阶段石墨烯电极材料研究的重点主要集中在了提高石墨烯的分散性和对石墨烯材料进行复合或者掺杂两个方面。

1.2.3.2　多孔碳电极材料

　　多孔碳是最早应用在商业超级电容器中的电极材料。图 1 – 19 为具有多级结构的生物质多孔碳的 SEM 图。它具有大的比表面积、较好的导电性、优异的热稳定性和低的成本等优点。目前,用于合成多孔碳的原材料十分丰富,包括石油、石油焦、沥青、烟煤、无烟煤、秸秆、椰子壳以及果壳等工农业废弃物。将原材料经过物理和化学活化后,可得到具有多级孔结构的高比表面积多孔碳。[93]然而,除了比表面积外,多孔碳材料的电容特性还受到导电性、孔结构、表面官能团的影响。因此,在不降低超级电容器的功率密度和循环寿命的条件下,设计合成具有多级孔道结构的多孔碳对于提高超级电容器的能量密度是有益的。M. Sevilla 等人[94]以葡萄糖酸钠为原料,采用高温炭化法一步合成了具有多级孔结构的片层状多孔碳。图 1 – 20 为片层状多级孔结构多孔碳的形貌和超级电容器性能测试图。[94] 该多孔碳材料呈片层状,表面存在大量的介孔和微孔。该材料由于具有独特的空间结构,作为电极材料表现出了优异的电容特性。以酸性电解液和有机电解液组装的超级电容器均具有很高的能量密度。

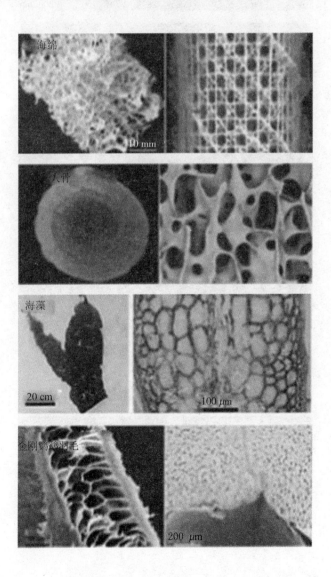

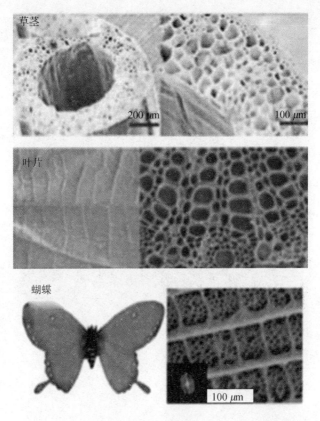

图 1 – 19　具有多级结构的生物质多孔碳的 SEM 图片

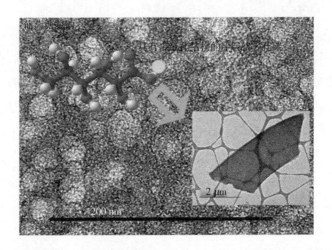

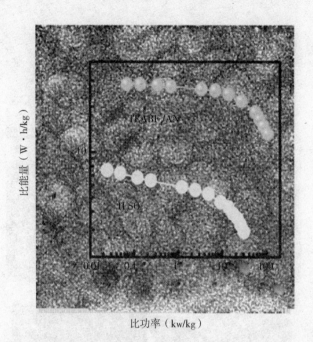

图 1 – 20　片层状多级孔结构多孔碳的形貌和超级电容器性能测试图

1.2.3.3　碳纤维电极材料

　　碳纤维材料具有力学强度高、稳定性好、导电性好、比表面积大等优点,可以作为超级电容器的电极材料。采用 CVD 法制得的高结晶度碳纤维通常具有良好的导电性和较小的比表面积。此类碳纤维作为超级电容器电极材料时具有高的倍率特性,但比电容较低,故可以用作超级电容器电极材料的导电支撑的基底。采用纤维状的原材料经过一系列的碳化和活化制得的活性碳纤维表面带有大量官能团,且比表面积很大,表现出良好的电容特性。J. H. Kim 等人[95]采用静电纺丝法制备了氮掺杂的多孔碳纤维。如图 1 – 21 所示,NCNF(85 : 15)样品由于具有多级孔结构、较大的比表面积、良好的可润湿性和电导率,在电流密度为 $0.5\ mA/cm^2$ 时的比电容高达 347.5 F/g。以 NC-NF(85:15)为电极材料组装的超级电容器在功率密度为 0.093 kW/kg 时的能量密度达到 12.1 W·h/kg。此类低结晶度的活性碳纤维材料与多孔碳相比虽然比表面积不大,但表现出良好的储能特性,在超级电容器电极材料研究领域具有很好的应用前景。

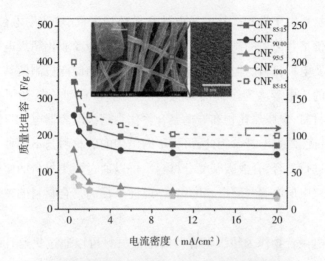

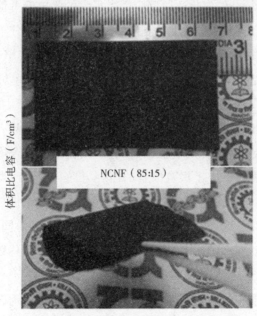

图 1 - 21　氮掺杂多孔碳纤维的形貌和性能测试图

1.3 碳基导电聚合物复合电极材料

碳材料由于具有优异的导电性和循环稳定性、较宽的电位窗口、低廉的价格和简单的制备方法等优势,已经成为商业化超级电容器使用的主要电极材料。但是,碳材料双电层电容的储能机制使其只能产生较低的比电容。为了提高碳材料的比电容,科研人员做了大量工作。碳材料、金属氧化物和导电聚合物作为超级电容器电极材料各具特色,且优、缺点互补。因此,可将不同结构的碳材料与不同种类的电极材料进行复合,合成碳基复合材料。可以通过两类材料的协同效应来实现双电层电容与赝电容的结合,以此来提高复合材料的整体电容特性。[96]

导电聚合物作为超级电容器的电极材料可以通过快速且高度可逆的掺杂/去掺杂的氧化还原反应产生很大的赝电容。但作为高分子材料,导电聚合物的机械性能很差,充放电过程中其分子链很容易断裂和脱落,长期循环稳定性能较差。而且电位窗口较窄,这限制了导电聚合物在超级电容器领域的应用。通过结构调控单纯地增加材料的比表面积可提高导电聚合物的利用率,有效增大产生的赝电容,但无法解决循环稳定差和电位窗口窄的问题。因此,以具有优异的导电性和循环稳定性、较宽的电位窗口的碳材料为骨架,合成碳基导电聚合物复合电极材料成了很有前景的研究方向。不同种类的碳基导电聚合物复合材料已经被合成出来,作为超级电容器电极材料表现出优异的电容特性。这是由于碳材料和导电聚合物间的协同作用,使碳基导电聚合物复合材料整体的电容特性提高。[97,98]具体体现在以下3个方面:

(1)在形貌结构方面,具有不同结构的碳材料作为碳基导电聚合物复合材料的骨架,可以调控复合材料的结构,以增加复合材料的比表面积。碳基导电聚合物复合材料作为电极材料时,大的比表面积有利于电解液离子的渗入,从而提高导电聚合物的利用率,产生更大的赝电容。

（2）在电学性能方面，碳材料具有良好的导电性，可以增强聚合物分子链上电子的离域作用。在大电流密度充放电时，其保证了电子的快速传输，并使碳基导电聚合物复合材料电极具有很好的倍率特性。

（3）在力学性能方面，碳材料有良好的机械强度，其作为碳基导电聚合物复合材料中的骨架起到自支撑作用。在充放电过程中，可以抑制导电聚合物分子链的断裂和脱落，从而提高复合材料作为电极材料的循环稳定性。

随着科研人员对碳基导电聚合物复合材料研究的逐渐深入，多种合成方法也被建立起来。常用的方法有：溶液共混法、原位氧化聚合法和原位电化学聚合法等。下面对各种合成方法分别进行介绍。

1.3.1 溶液共混法

溶液共混法是合成碳基导电聚合物复合材料比较简单的方法。该方法是将导电聚合物经分散或溶解后与碳材料均匀混合制得碳基导电聚合物复合材料的。采用这种方法可以使导电聚合物插层进入石墨烯的片层间形成层间复合材料。[99-100]这种以石墨烯为基底的层间复合材料可以用作柔性超级电容器的电极材料。

如图 1 - 22 所示，Q. Wu 等人[101]采用超声法将羧基化的石墨烯和 PANI 纳米纤维共混，经过真空抽滤合成了 CCG/ PANI - NF 复合薄膜。CCG/PANI - NF 复合薄膜呈现规整的插层状结构，PANI - NF 均匀地分散在石墨烯片层间。复合薄膜具有很好的柔韧性。由 CCG/PANI - NF 复合薄膜组装的超级电容器在电流密度为 0.3 A/g 时比电容为 210 F/g，并表现出良好的倍率特性和循环稳定性。这是由于这种三明治状插层结构抑制了 PANI 分子链在氧化还原过程中的变形和断裂，从而提高了复合材料的稳定性。

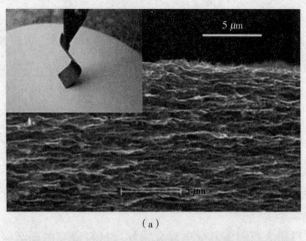

（a）

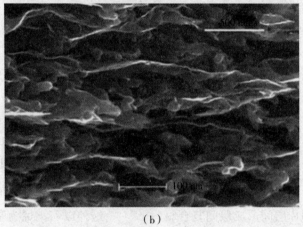

（b）

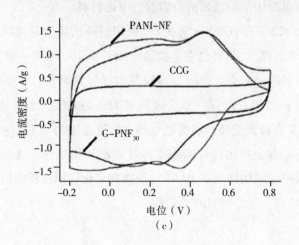

（c）

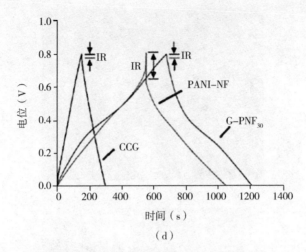

图 1 - 22　CCG/PANI - NF 复合薄膜的形貌和超级电容器性能测试图

X. J. Zhang 等人[102]采用溶液共混法使 PPy/CNT 复合纳米线插层进入石墨烯片层内,合成了均匀的 GN - PPy/CNT 复合薄膜。如图 1 -23 所示,GN - PPy/CNT 层间复合薄膜中的 PPy/CNT 复合纳米线扩大了石墨烯的层间距,其中,CNT 起到了加快电子传递的作用,PPy 可以产生较大的赝电容。三电极体系下,GN - PPy/CNT$_{52}$复合薄膜的比电容为 211 F/g,远远高于 GN(73 F/g)和 PPy/CNT (164 F/g)样品。值得注意的是,GN - PPy/CNT 电极经过 5 000 次充放电循环测试后比电容保持率达 95%,这是由于 CNT 和 GN 的支撑作用抑制了 PPy 分子链在充放电过程中的断裂。

（a）

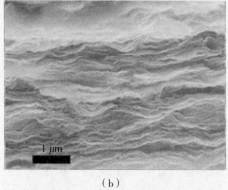

（b）

（c）

（d）

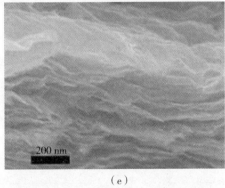

（e）

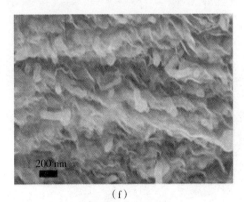

（f）

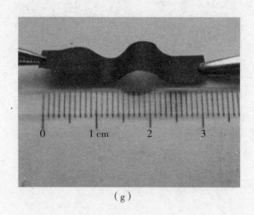

（g）

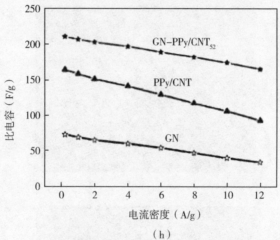

（h）

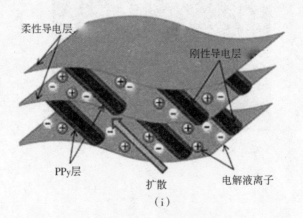

（i）

图 1-23　PPy/CNT、GN 和 GN-PPy/CNT 复合薄膜的
形貌和超级电容器性能测试图

1.3.2 原位氧化聚合法

原位氧化聚合法是指在碳材料的分散液中加入聚合物单体,在一定的条件下引入催化剂,使聚合物单体原位聚合。[103]原位聚合法可以实现导电聚合物沿着碳材料表面原位聚合生长。用该方法合成的复合材料均匀,可以实现大量制备,是合成碳基导电聚合物复合材料最热门的方法。[104-105]但原位聚合法的反应条件严格、反应时间较长,产物一般为粉末状。

X. S. Zhao 等人[106]采用原位氧化聚合法,分别将 PEdot、PANI 和 PPy 包覆在还原氧化石墨烯表面,合成了 RGO - PEdot、RGO - PANI 和 RGO - PPy 纳米复合材料。不同导电聚合物所合成的 RGO 基复合膜材料的形貌如图 1 - 24 所示,RGO 片层上导电聚合物包覆层的厚度均一。三电极体系下,在 0.3 A/g 时,RGO - PEdot、RGO - PANI 和 RGO - PPy复合材料电极的比电容分别为:108 F/g、248 F/g 和 361 F/g。3 种复合材料电极在 1 000 次连续充放电循环测试后,比电容保留率均在 80% 以上。RGO 和导电聚合物的协同作用使复合材料表现出了良好的电容特性。

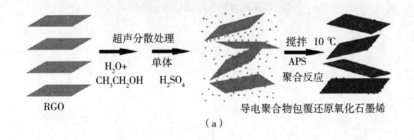

（a）

（b）

（c）

（d）

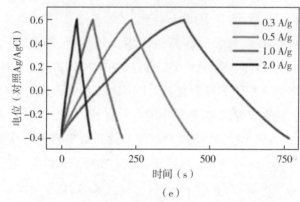

（e）

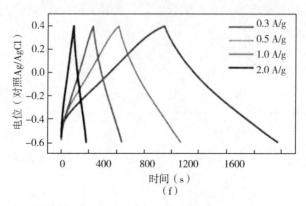

（f）

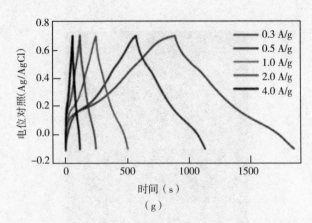

图 1 – 24　RGO – PEdot、RGO – PANI 和 RGO – PPy 复合材料的
形成机理、形貌和电容性能测试图

如图 1 – 25 所示，H. Q. Hou 等人[107]首先采用 CVD 法，在由静
电纺丝法得到的碳纤维(CNF)表面生长碳纳米管(CNT)，制备了
CNT/CNF 复合材料。然后，将 PANI 包覆在 CNT/CNF 复合碳骨架上，
合成了 PANI/CNT/CNF 复合材料。PANI/CNT/CNF 复合膜中的 CNF
起到了集电器的作用，CNT 如同小的电线将 PANI 与 CNF 紧密地连接
在一起。由 PANI/CNT/CNF 复合膜组装的超级电容器在 0.3 A/g 时
的比电容为 503 F/g。1 000 次连续充放电循环测试后，比电容保留率
为 92%。功率密度为 15 kW/kg 时，能量密度为 70 W·h/kg。PANI/
CNT/CNF 复合膜电容器良好的性能是在 PANI 和 CNT/CNF 间很强的
协同作用下产生的。

(a)

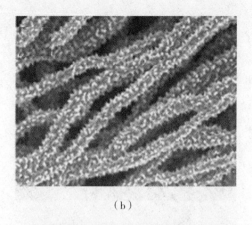

（b）

（c）

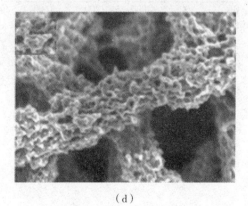

（d）

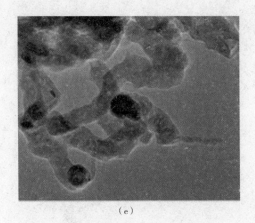

（e）

（f）

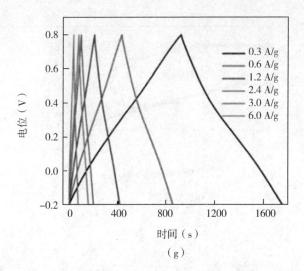

（g）

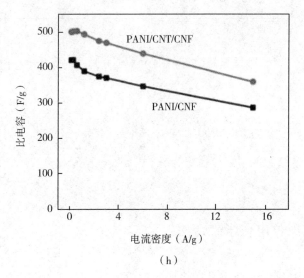

（h）

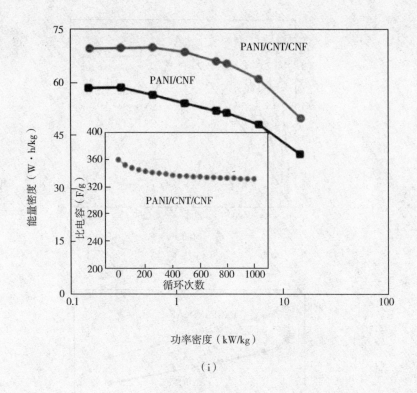

图 1 - 25　PANI/CNT/CNF 复合薄膜的形成机理、

形貌和超级电容器性能测试图

1.3.3　原位电化学聚合法

　　原位电化学聚合法是指将聚合物单体分散在适当的电解液中,在给定电压下,使聚合物单体在碳材料电极上发生聚合反应。[108 - 110] 用原位电化学聚合法制备的导电聚合物膜的厚度均匀,通过改变聚合条件可以调控导电聚合物膜的厚度。[111] 原位电化学聚合法具有反应速度快、不需要氧化剂和操作简单等优点。但是,其由于受到电化学装置的限制,不宜用于大规模的生产。

　　如图 1 - 26 所示,H. P. Cong 等人[112] 采用电化学聚合法以自制的石墨烯纸为基底合成了石墨烯 – PANI 纸。柔韧性很好的石墨烯 – PANI 纸作为电极材料,在电流密度为 1 A/g 时的比电容为 763 F/g,远远高于石墨烯纸(180 F/g)和 PANI 膜(520 F/g)。值得注意的是,石墨烯 – PANI 纸电极的循环稳定性由于石墨烯纸的自支撑作用而显著提高。

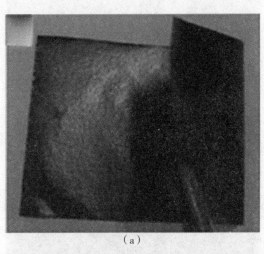

(a)

(b)

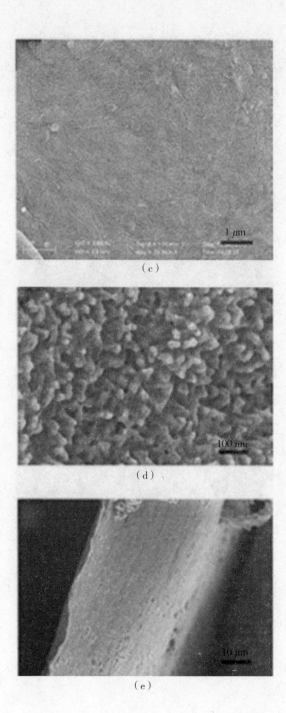

（c）

（d）

（e）

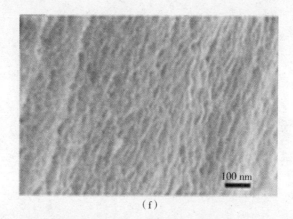

（f）

（g）

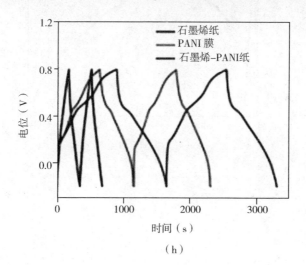

（h）

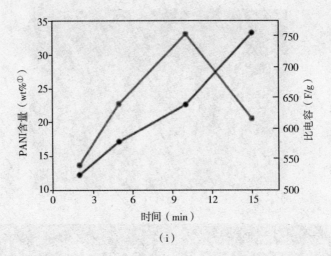

（i）

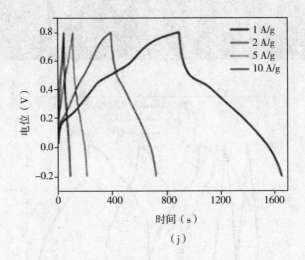

（j）

---

① 本书中 wt% 表示质量百分比。

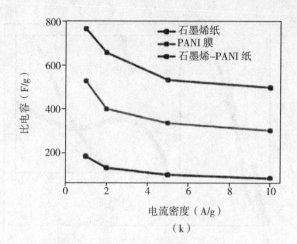

（k）

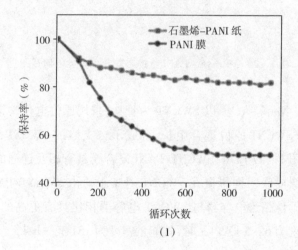

（l）

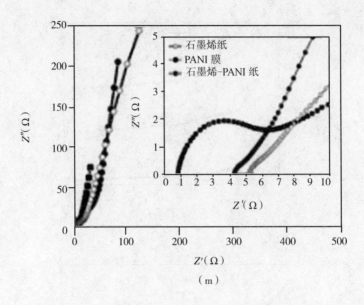

图 1 – 26　石墨烯 – PANI 纸的形貌和电容性能测试图

Z. Q. Niu 等人[113]以 SWCNT 为骨架,采用原位电化学聚合法使 PANI 沿着 SWCNT 原位聚合生长,合成了自支撑的 SWCNT/PANI 复合膜。如图 1 – 27 所示,SWCNT/PANI 复合膜具有相互连通的网状结构,PANI 像皮肤一样包覆在 SWCNT 骨架上。由 SWCNT/PANI 复合膜组装的柔性超级电容器与 SWCNT 电容器相比具有更高的比电容。当功率密度为 62.5 kW/kg 时,其能量密度为 131 W·h/kg。

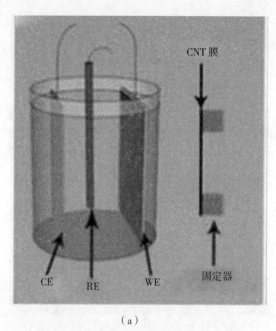

（a）

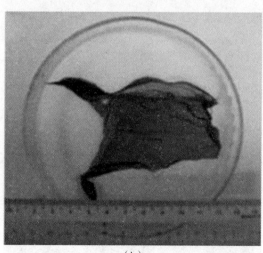

（b）

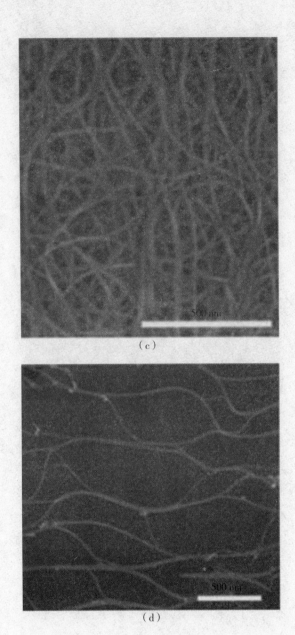

（c）

（d）

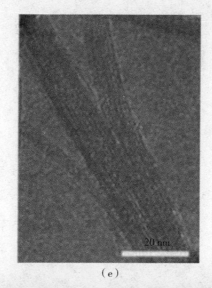

（e）

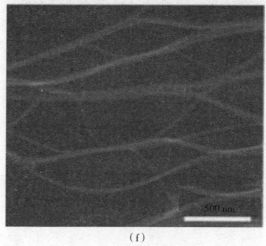

（f）

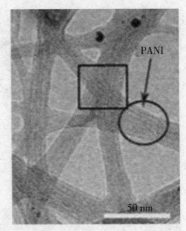

（g）

（h）

（i）

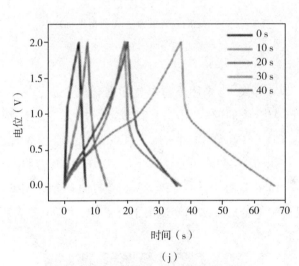

（j）

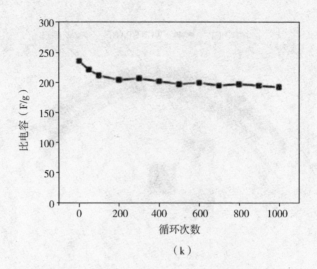

（k）

图 1 - 27　SWCNT/PANI 复合膜的形成机理图、

形貌和柔性超级电容器性能测试图

C. Z. Zhu 等人[114]采用原位电化学聚合法合成了 GO/PPy 复合膜。GO/PPy 复合膜的形貌如图 1 - 28 所示，PPy 紧紧地包覆在 GO 片层表面。在 GO 和 PPy 的协同作用下，GO/PPy 复合膜表现出良好的电容特性。三电极体系下，在 0.5 A/g 时，GO/PPy 复合膜的比电容为 356 F/g。与 PPy 膜相比，GO/PPy 复合膜的循环稳定性明显提高。GO/PPy 复合膜的合成方法同样适用于合成 GO/PEdot 复合膜。

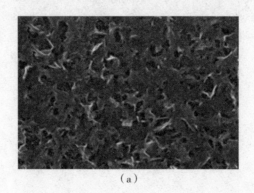

（a）

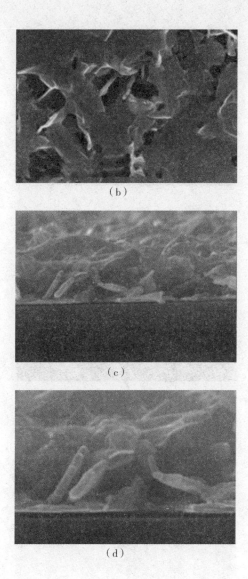

（b）

（c）

（d）

（e）

（f）

（g）

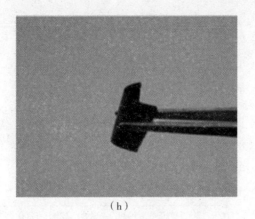

（h）

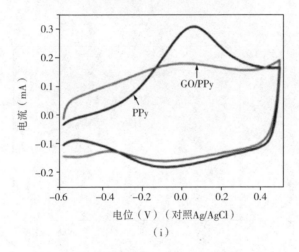

（i）

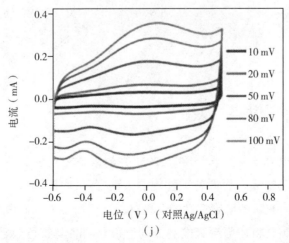

（j）

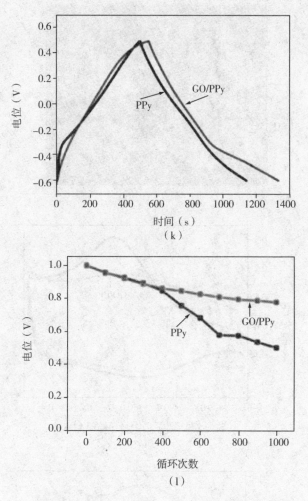

图 1-28　GO/PPy 复合膜的形貌和电容性能测试图

1.4　研究思路

　　超级电容器发展至今,相关的研究越来越注重综合性能的提高。电极材料是决定电容器各项性能的关键因素,因此,大量工作都是围绕开发具有更好的电容特性的电极材料而进行的。金属氧化物、导电聚合物和碳材料作为超级电容器的电极材料各具特色。金属氧化物虽然具有良好的电容特性,但生产成本较高限制了金属氧化物超级电容器电极的产业化。导电聚合物由于自身无序的堆积状结构而离子传输较慢,而且多次充放电以后由于分子链的断裂,其循环寿命较低。碳材料具有良好的电学性能、力学性能和独特的结构。因此,以碳材料为基体复合适当的导电聚合物,势必会大大改善复合电极材料的性能。合成碳基导电聚合物复合材料,可以发挥无机和有机两类材料的各自优势。碳材料和导电聚合物两种材料的协同作用,可以有效地提高复合材料电极的整体电容性能。[115-122]

本书以研发性能优良的超级电容器电极材料为目标。以价格低廉的膨胀石墨和导电聚合物为原材料,设计合成了碳基导电聚合物复合材料,并考察了复合材料作为超级电容器电极材料的电容特性。同时深入探讨了碳材料与导电聚合物之间的协同作用机制。以所合成的碳基导电聚合物为基础,合成了复合型碳材料,并考察了复合型碳材料作为超级电容器电极材料的电容特性。主要研究内容如下:

以膨胀石墨为碳骨架,采用插层辅助原位氧化聚合法分别合成类石墨烯/聚苯胺(PANI/EG)、类石墨烯/聚吡咯(PPy/EG)和类石墨烯/聚3,4-乙撑二氧噻吩(PEdot/EG)层间复合材料。结合对复合材料形貌和结构的表征,深入探讨了膨胀石墨/导电聚合物层间复合材料的形成机理。分别研究了 PANI/EG、PPy/EG 和 PEdot/EG 层间复合材料作为超级电容器电极材料的电容特性。通过研究膨胀石墨与不同种类导电聚合物间的协同作用,确定了复合材料中膨胀石墨和导电聚合物的最佳配比。

第 2 章　类石墨烯/聚苯胺层间复合材料制备及电容特性研究

2.1　引言

聚苯胺(PANI)通过离域的共轭 π 电子在空穴中导电,属于 p 型半导体。作为超级电容器的电极材料,PANI 表现出高的电导率、电化学活性和比电容[123],而且价格低廉、制备工艺简单,适合大批量的工业化生产。然而,PANI 在充放电过程中必须有质子酸加入反应,这就意味着 PANI 超级电容器必须选择酸性体系。[124]

影响 PANI 电容特性的因素有很多,通过调控 PANI 的合成方法、形貌结构以及掺杂剂的种类与用量,可以使 PANI 电极材料的比电容发生很大的变化。提高 PANI 的比表面积可以增加其与电解液的接触面积,加速电解液离子在电极材料内部的扩散,从而有效提高 PANI 的赝电容。PANI 具有很好的结构可调控性,通过控制合成的条件可以得到不同形貌且具有较大比表面积的 PANI,提高比电容。[125]

PANI 在循环充放电过程中,聚合物体积会随着电化学反应发生变化。当 PANI 分子链的机械强度承受不住体积的变化时,就会断裂成小的碎片,最终将导致比电容的降低。因此,将 PANI 与机械强度较好的材料复合,在提高比表面积的同时提高循环稳定性成为一个可行的方法。不同的形貌的碳材料,如:碳微球、碳纳米管、石墨烯和碳纤维[126-128]等,由于具有良好的机械性能和导电性而成为合成 PANI 复合材料的理想材料。将 PANI 与碳材料复合,可以有效发挥有机 – 无机材料的协同作用。因此,选择具有适当结构和导电性的碳材料作为合成复合材料的骨架,对改善 PANI 作为电极材料的各项性能具有重要的研究意义。

　　膨胀石墨(EG)是由天然鳞片石墨经过一系列的插层、水洗、干燥、膨化等过程制得的。膨化后的石墨呈现为 3D 多孔的蠕虫状结构,层间距的分布从纳米到微米范围。EG 的石墨片层表面的分子间作用力作用可以产生物理吸附,因此具有优良的吸附性能。加之 EG 具有良好的导电性和机械性能,使其在电极材料领域具有一定的应用潜力。因此,本章选用 EG 作为碳骨架,合成了 PANI/EG 复合材料。在真空辅助条件下,将 ANI 单体灌注到 EG 的层间,使 ANI 均匀地吸附在 EG 的类石墨烯片层表面,并使 ANI 原位聚合,在 EG 的模板导向作用下有序地生长,在类石墨烯表面形成包覆层。PANI/EG 复合材料的充放电示意图如图 2 – 1 所示。准有序的 PANI 均匀地生长在类石墨烯片层表面。PANI/EG 复合材料独特的结构使其在作为超级电容器电极材料时展现出了良好的电化学性能。PANI 和 EG 之间的协同效应显著提高了 PANI/EG 复合材料的电容特性。

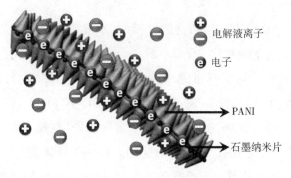

电解液离子

e 电子

PANI

石墨纳米片

图 2 – 1　PANI/EG 复合材料的充放电示意图
(PANI 为离子的自由进入/脱出提供了直接的路径,
类石墨烯片层能够促进电子的传递)

2.2　实验部分

筛选粒径小于 45 μm（325 目）的可膨胀石墨（EG），采用交替式微波法对可膨胀石墨进行膨化处理，处理时间为 30 s，得到膨胀石墨。在真空辅助条件下，按照一定质量比将 ANI 单体灌注到 3D 的 EG 片层结构中。在 0~5 ℃的冰水浴下，加入 60 mL 的 1 M① HCl 后磁力搅拌 2 h。在 N_2 气氛下缓慢滴加（NH_4）$_2S_2O_8$ 溶液后保持在 0~5 ℃温度条件下，搅拌反应 24 h。产物经无水乙醇和蒸馏水反复洗至滤液无色，且 pH 值呈中性后在 60 ℃下烘干 24 h。研磨后得墨绿色粉末为 PANI/EG 复合材料。分别合成含有 EG 质量百分比为 8%、12% 和 16% 的样品，并命名为 PANI/EG8、PANI/EG12 和 PANI/EG16。按照以上方法制备纯 PANI 样品作为对比。

2.3　结果与讨论

2.3.1　PANI/EG 复合材料的结构表征

在 PANI/EG 复合材料的合成过程中，本章首先采用交替式微波法使可膨胀石墨受热膨胀。图 2-2(a)、(b)为经微波膨胀处理后得到 EG 的 SEM 图。由图可知，膨胀后的石墨呈现出由石墨片层构架起来的风琴状 3D 空间结构。高分辨的 SEM 图片中，EG 中的石墨片层很薄，片层与片层间组成楔形的孔。EG 疏松的 3D 空间结构为聚合物单体的插层和吸附提供了充足的空间。EG 的 TEM 图片如图 2-2(c)、(d)所示，石墨片层有很好的透光度，这说明石墨片层很薄。由高分辨 TEM 图可知，石墨片层由约十层的石墨烯叠加而成，为类石墨

---

① 本书中 M = mol/L。

烯结构。AFM 测试结果表明,石墨片层的厚度约为 3 nm。EG 形貌分析结果表明,EG 具有由类石墨烯片层组成的 3D 空间结构,可以用作合成碳基导电聚合物复合材料的骨架。

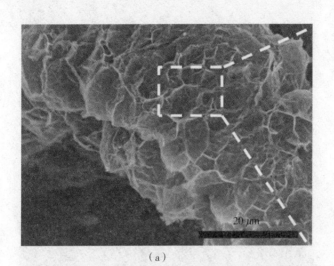

（a）

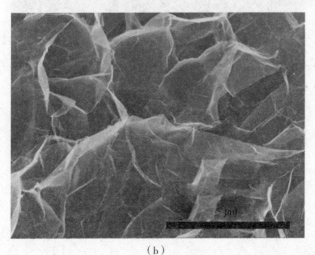

（b）

（c）

（d）

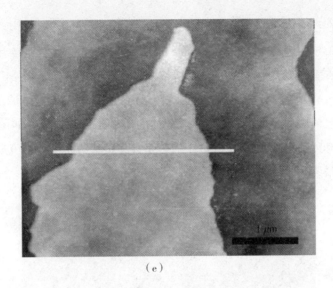

（e）

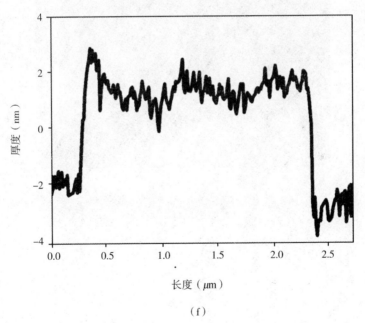

（f）

图 2 - 2　EG 的形貌表征：(a)、(b) EG 的 SEM 图；(c)、(d) EG 的 TEM 图；
　　　　(e) EG 的 AFM 图；(f) 图(e)中画线区域的厚度分析曲线

图 2 - 3 为 PANI 和 PANI/EG 复合材料的 SEM 图。由图 2 - 3(a)

可知,在没有碳骨架的情况下,PANI 聚合生长成无序的聚合物团簇。当有 EG 作为聚合生长的骨架时,PANI 则在 EG 的类石墨烯片层表面,沿着垂直 2D 片层的方向有序地生长。在模板的导向作用下,塔尖状的 PANI 紧紧地包覆在 EG 的类石墨烯片层表面。类石墨烯片层上 PANI 包覆层的厚度可以通过改变 EG 的质量比进行调控。如图 2 - 3(b) ~ (d)所示,随着 EG 质量比的减小,PANI 层的厚度逐渐变厚。当 EG 含量为 8% 时,出现了无序团聚的 PANI。

(a)

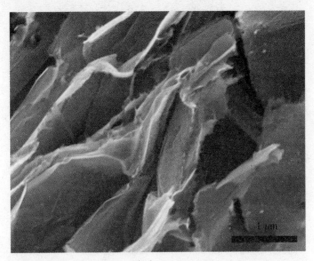

（b）

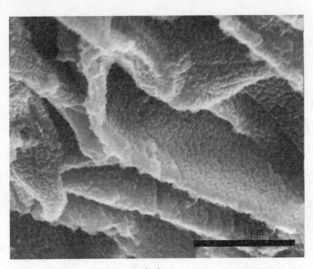

（c）

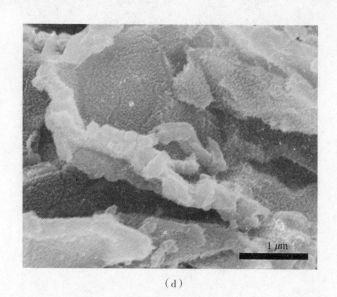

(d)

图 2-3 (a) PANI,(b) PANI/EG16,
(c) PANI/EG12 和(d) PANI/EG8 样品的 SEM 图

为了进一步确定 PANI/EG 复合物中 EG 的质量比对复合材料片层厚度的影响,本章采用热重法对 EG、PANI 和不同质量比的 PANI/EG 复合材料进了表征。样品的 TGA 曲线见图 2-4。在 N_2 条件下,EG 在 650 ℃时开始分解,800 ℃时失重约为60%。纯 PANI 样品在小于 100 ℃时质量有所减小,这是由复合材料中的残留有机溶剂乙醇及水分的挥发导致的。样品在 100 ℃到 300 ℃时质量的减小,归因于 PANI 中掺杂的 HCl 的挥发。样品第一步失重的温度范围为 300 ℃到 500 ℃,主要为不同聚合度 PANI 分子链的降解和分解。样品第二步失重的温度范围为 500 ℃到 800 ℃,主要为 PANI 的石墨化结构的重组。PANI/EG 复合材料的 TGA 曲线与 PANI 的 TGA 曲线相类似。同样温度下,PANI/EG 复合材料中 EG 含量越高,失重越少,热稳定性越好。这是因为 PANI/EG 复合材料片层上 PANI 包覆的厚度不同。TGA 的结果与 SEM 的分析结果相一致。

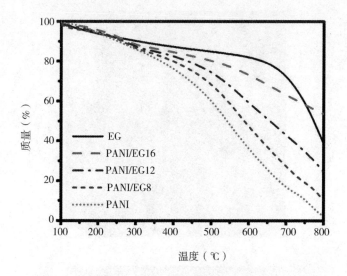

图 2 - 4　EG、PANI/EG 复合材料和 PANI 样品的 TGA 曲线

　　PANI/EG12 复合材料的片层厚度适中,且没有出现无定形的
PANI。因此,我们进一步对 PANI/EG12 复合材料的形貌和结构进行
了分析。如图 2 -5(a)所示,PANI 有序地生长在类石墨烯片层的表
面。从高分辨 SEM 图(图 2 -5b)中可见,PANI 包覆层的厚度为 80 ~
100 nm,包覆层内部存在大量狭长的纳米孔道。图 2 -5(c) ~ (e)为
PANI/EG12 样品的 TEM 图,塔尖状结构的 PANI 有序地排布。在样品
的局部 HRTEM 图中,包覆层内部狭长的纳米孔的孔径为 2 ~5 nm,复
合材料的边缘处类石墨烯片层清晰可见。这一结果与 SEM 测试结果
相一致。PANI/EG 复合材料的结构如图 2 -5(f)所示,复合材料独特
的结构和组成使其可能具有较好的电容特性。这是因为:一方面,作
为复合材料骨架的 EG 具有良好的导电性,有利于电子快速传输,其作
为电极材料可以保证电极的高倍率特性和循环稳定性;另一方面,
PANI 沿类石墨烯片层生长成为有序的结构,加之 PANI 包覆层内部的
孔道结构,使呈多级结构的复合材料具有较大的比表面积,可以为电
解液离子和电子的嵌入和脱出提供快速的通道。

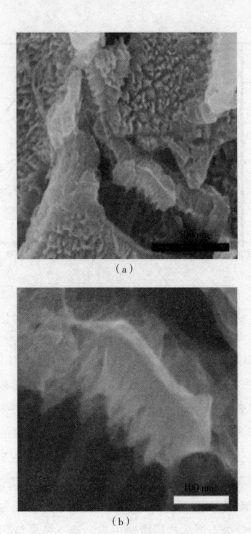

（a）

（b）

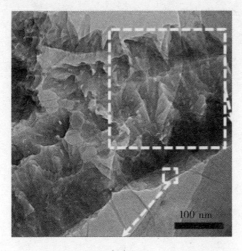

（c）

（d）

（e）

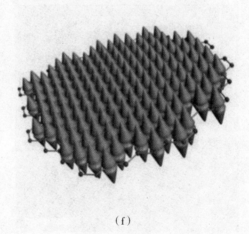

（f）

图 2 - 5   PANI/EG12 复合物的形貌表征:(a) ~ (b)PANI/EG12 的 SEM 图；
(c) ~ (e) PANI/EG12 不同放大倍率的 TEM 图;(f) PANI/EG12 的结构示意图

　　图 2 - 6 为 EG、PANI 和 PANI/EG 复合材料样品的 XRD 谱图。如
图所示,EG 的 XRD 谱图在 $2\theta = 26.7°$ 处出现一个很强的衍射峰,且分
布较窄,该峰对应于石墨的(002)晶面衍射峰。通过布拉格方程计算,
EG 石墨晶体的晶面层间距 d 为 0.34 nm,可知类石墨烯片层排列规
整,这与 TEM 表征结果一致。PANI 样品在 $2\theta = 15.0°$ 和 $2\theta = 25.3°$ 的

衍射峰分别为 PANI 聚合物有序分子链的周期性垂直和平行非晶面衍射峰。$2\theta = 20.3°$ 的衍射峰是由 PANI 聚合物有序分子链间的交替间距产生的。PANI/EG12 样品的 XRD 谱图中,在 $2\theta = 20.3°$ 和 $2\theta = 25.3°$ 处分别出现了 PANI 非晶面衍射峰。类石墨烯 26.7° 处的(002)晶面衍射峰变宽且强度降低,这说明 PANI 的包覆降低了类石墨烯的结晶度。这是 EG 的类石墨烯片层与 PANI 聚合物分子链之间存在较强的 $\pi - \pi$ 共轭作用的结果。

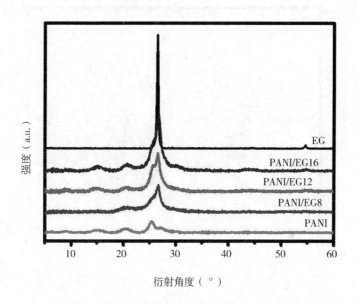

图 2 - 6　EG、PANI/EG 复合材料和 PANI 样品的 XRD 谱图

FT - IR 可以分析样品材料复合前后组分间的微观作用。图 2 - 7 为纯 PANI 和 PANI/EG 复合材料样品的 FT - IR 谱图。纯 PANI 样品的 FT - IR 谱图上存在 4 个主要的特征吸收峰。1 571 cm^{-1} 处为 PANI 内醌环的 C = C 键伸缩振动吸收峰,1 493 cm^{-1} 处为 PANI 内苯环的 C = C 键伸缩振动吸收峰,1 304 cm^{-1} 处为 C—N 键伸缩振动吸收峰,1 154 cm^{-1} 处为聚苯胺的 N =Q =N 键伸缩振动吸收峰。PANI/EG 复合材料样品的 FT - IR 谱图上同样存在 PANI 的特征吸收峰,但吸收

峰的波数随着 EG 的量的增加而发生红移,分别变为 1 570 cm^{-1}、1 492 cm^{-1}、1 301 cm^{-1} 和 1 139 cm^{-1}。这是由于 PANI 与 EG 发生相互作用,增加了 PANI 分子链中电子的离域能力,导致键的共振频率降低,即共轭大 π 键上电子的流动能力得到了加强。FT – IR 测试进一步证明了 PANI/EG 复合材料中 PANI 与 EG 的类石墨烯片层之间发生了很强的相互作用。

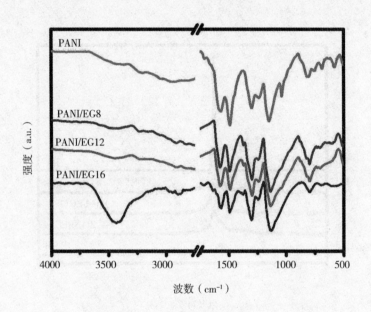

图 2 – 7   PANI 和 PANI/EG 复合材料的 FT – IR 谱图

采用 Raman 光谱进一步分析复合材料的结构。EG、PANI 和 PANI/EG 复合材料样品的 Raman 谱图如图 2 – 8 所示。EG 的 Raman 谱图中出现了 3 个特征峰,分别为:1 374 cm^{-1} 处的 D 带、1 582 cm^{-1} 处的 G 带和 2 754 cm^{-1} 处的 2D 带。D 带是由非石墨化晶体的不规则散射产生的。G 带是由于 2D 六方晶体中 sp^2 碳原子的振动产生的。这两个吸收峰的相对强度比(I_G/I_D)可以反映出材料的结晶程度。EG 样品的 I_G/I_D = 12.88,表明 EG 中类石墨烯片层的石墨化程度较高,保

持了良好的石墨晶格。PANI 样品 1 345 cm^{-1} 处吸收峰归属于 C—N
键伸缩振动,1 592 cm^{-1} 处吸收峰为 PANI 内醌环的 C═C 键伸缩振动
峰。PANI/EG 复合材料的 Raman 谱图中这两处吸收峰红移至
1 588 cm^{-1}。这与 FT－IR 测试结果相一致,是 EG 与 PANI 相互作用
的结果。Raman 测试结果近一步证实了合成的 PANI/EG 复合材料具
有良好的结晶度。

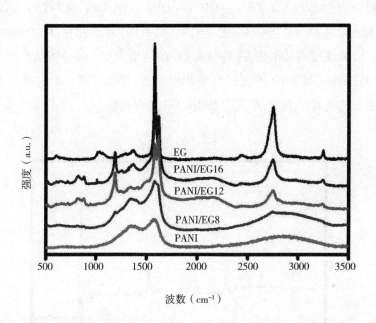

图 2－8　EG、PANI/EG16、PANI/EG12、PANI/EG8 和 PANI 样品的 Raman 谱图;
激光激发波长:458 nm

　　XPS 可以用来分析材料表面元素的组成和化学状态。图 2－9 为
PANI 和 PANI/EG12 样品的 XPS 谱图。由图可知,PANI 和 PANI/
EG12 样品中均含有 C、N 和 O 元素。表 2－1 为样品的元素含量。
PANI 样品的 C 和 N 的比为 7.7;PANI/EG12 样品的 C 和 N 的比变为
8.6。这是由于 PANI/EG12 复合材料中的 EG 以 C 元素为主,引入 EG
后复合材料中 3 种元素的含量发生了变化。图 2－10 为 PANI 和
PANI/EG12 样品的高分辨 XPS 谱图。PANI 的 N1s 的高分辨 XPS 谱

图如图 2 – 10(a)所示,N1s 峰可以拟合为 3 个特征峰,分别为 401.2 eV(N⁺)、399.3 eV(—NH—)和 398.2 eV(—N═)。PANI/EG12 样品的 N1s 峰向低结合能方向发生了偏移,这是由于 EG 与 PANI 间发生较强的 π – π 共轭作用。PANI 样品的 C1s 和 O1s 的高分辨 XPS 谱图见图 2 – 10(c)、(e)。C1s 峰可以拟合为 288.3 eV(C═O)、286.5 eV(C—O)、285.4 eV(C—N)和 284.6 eV(C—C/C═C)。O1s 峰可以拟合为 532.7 eV(O═C—OH/C—OH)、531.4 eV(C—O/C—O—C)和 530.4 eV(C═O/O—C═O)。与 PANI 样品相比,PANI/EG12 的 C1s 峰强度明显增强,这是引入 EG 的结果。XPS 的分析结果与 FT – IR、Raman 和 XRD 等表征结果相符合,这证实了 PANI 包覆在 EG 的类石墨烯片层表面,形成了 PANI/EG 复合材料。

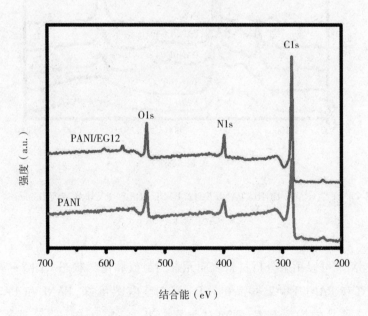

图 2 – 9　PANI 和 PANI/EG12 样品的 XPS 谱图

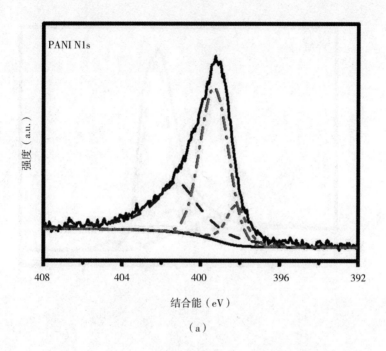

（a）

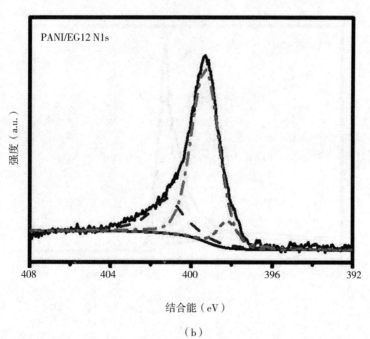

（b）

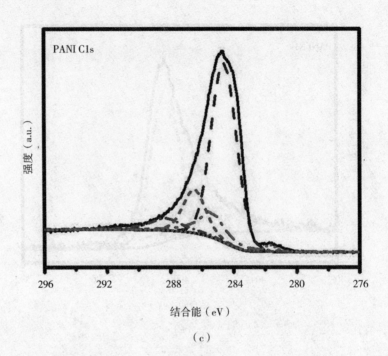

（c）

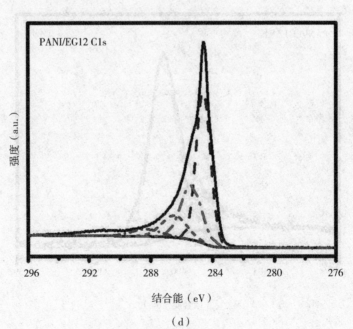

（d）

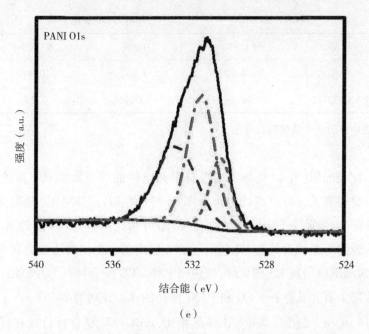

（e）

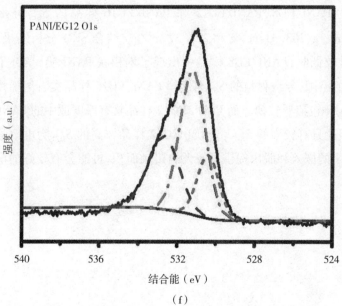

（f）

图 2 - 10　PANI 和 PANI/EG12 样品的高分辨 XPS 谱图

（a）、（b）N1s 谱图；（c）、（d）C1s 谱图；（e）、（f）O1s 谱图

表 2－1　PANI 和 PANI/EG12 样品的元素含量

样品	C1s/%	O1s/%	N1s/%
PANI	80.50	9.03	10.47
PANI/EG12	79.78	10.98	9.24

注:表中%为原子质量的百分比

　　比表面积(S_{BET})是影响电极材料储电性能的主要因素。理论上电极材料高 S_{BET} 对应高比电容。图 2－11 为 EG、PANI 和 PANI/EG 样品的 N_2 吸附－脱附等温线图。由图可知,PANI/EG 样品的 N_2 吸附－脱附等温线为具有 H3 滞后环的 II 型曲线。在相对压强为 0.5～0.9 的范围内出现 H3 滞后环,这说明 PANI/EG 复合材料为片层结构,且片层上有介孔存在。EG 和 PANI 样品的 S_{BET} 分别为 26.37 m^2/g 和 42.14 m^2/g。与 EG 和 PANI 样品相比,PANI/EG 复合材料具有较高的 S_{BET}。PANI/EG8、PANI/EG12 和 PANI/EG16 样品的 S_{BET} 分别为 192.56 m^2/g、263.31 m^2/g 和 222.37 m^2/g。结合 SEM 分析结果,当 EG 含量较低时,PANI/EG8 样品中出现了堆积状 PANI 簇,填补了复合材料的空隙,导致材料的 S_{BET} 较低。PANI/EG16 样品类石墨烯片层上的 PANI 包覆层较薄。而 PANI/EG12 样品具有厚度适中的 PANI 包覆层,因此具有较高的 S_{BET}。PANI/EG12 样品较高的 S_{BET} 为电解液离子和电子的嵌入和脱出提供了较大的接触面积,可能会有较好的电容性能。

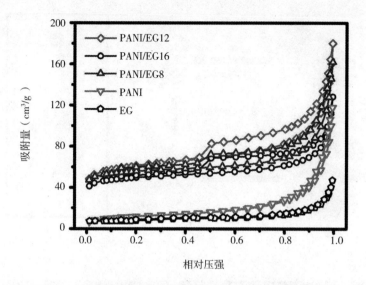

图 2 – 11 EG、PANI、PANI/EG8、PANI/EG12 和
PANI/EG16 样品 N$_2$ 吸附 – 脱附等温线图

2.3.2 PANI/EG 复合材料的形成机理研究

基于上面对不同质量比 PANI/EG 复合材料形貌和结构的分析，我们推测出 PANI 在 EG 的类石墨烯片层上的生长机理如图 2 – 12(a)所示。PANI/EG 复合材料的合成过程如下：第一步，采用交替式微波法使可膨账石墨受热膨胀。EG 风琴状的 3D 空间结构为苯胺单体的插层提供了充足的空间。第二步，采用真空辅助插层法将 ANI 单体灌注到 EG 的 3D 结构内部。真空辅助产生的驱动力使 ANI 单体均匀地分散到 EG 骨架内部，并吸附在类石墨烯片层表面。第三步，在氧化剂的作用下，在 1 M HCl 溶液中的 ANI 单体沿类石墨烯片原位聚合，有序地生长在类石墨烯片层表面，合成了 PANI/EG 复合材料。

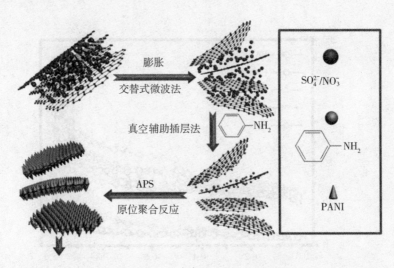

（a）

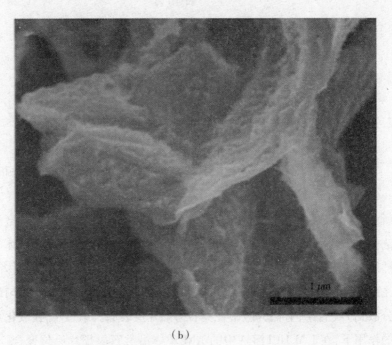

（b）

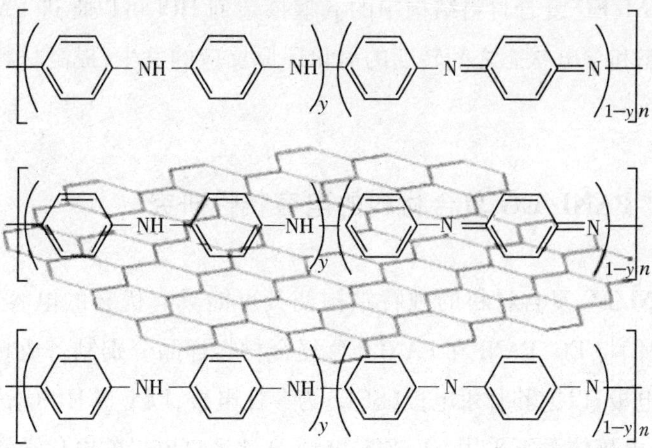

图 2 - 12　(a)PANI/EG 复合材料的形成机理图,

(b) PANI/EG 复合材料的 SEM 图,(c) PANI/EG 复合材料的结构式

在这个过程中,ANI 单体的分子间氢键起着重要作用。当 ANI 单体被灌入到 3D 的 EG 骨架中时,其与类石墨烯片层上的活性官能团相互作用,紧紧地吸附在片层表面。当 APS 氧化剂加入到上述预聚物悬浮液中时,吸附在类石墨烯片层表面的苯胺单体首先聚合,形成异相成核的活性位。[129]这些活性位降低了类石墨烯片层表面的界面势垒。然而,此时由于溶液中苯胺单体浓度很难达到过饱和的状态,无法通过均相成核形成活性位,因此,PANI 分子链优先沿着 EG 骨架聚合生长,PANI 纳米点垂直定向地逐渐生长成塔尖状结构。随着聚合反应时间的增加,PANI 在类石墨烯片层上形成包覆层。所合成的 PA-NI/EG 复合材料的形貌见图 2 - 12(b),PANI 优先沿着垂直于类石墨烯片层的方向在片层两侧均匀生长,样品中几乎没有堆积生长的团簇状 PANI。

图 2 - 12(c)为 PANI 复合材料的结构式。为了保证 PANI 良好的导电性,原位氧化聚合过程是在 1 M HCl 水溶液中进行的。所合成的 PANI/EG 复合材料是 HCl 掺杂的。作为超级电容器的电极材料,掺

杂在 PANI/EG 复合材料结构中的 p 型掺杂剂 HCl 可以促进 PANI 半导体状态和导电状态之间转变的氧化还原反应的发生，提高材料的赝电容。

2.3.3 PANI/EG 复合材料的电容特性研究

PANI/EG 复合材料的独特结构使其可能具有优异的电容特性。因此，我们将 EG、PANI 和 PANI/EG 复合材料样品分别制备成超级电容器的电极，以饱和甘汞电极（SCE）为参比电极，以 1 M H_2SO_4 为电解液，在三电极体系下采用 CV、EIS 和 GCD 法测试电极的电化学性能。

图 2 – 13（a）为 EG、PANI 和 PANI/EG 复合材料电极在扫描速度为 10 mV/s 时的 CV 曲线图。EG 电极在 10 mV/s 扫描速度下的 CV 曲线没有出现成对的氧化还原峰，展现了其典型的双电层电容特性。然而，PANI 电极的 CV 曲线上出现了两对氧化还原峰。一对为 PANI 的半导体的状态和翠绿亚胺导电状态之间转变的氧化还原反应，另一对为 PANI 的醌式和苯式结构间转变的氧化还原反应。这表明 PANI 电极主要表现出赝电容特性。电化学比电容的大小与 CV 曲线的面积成正比。PANI/EG 电极与 PANI 电极相比，前者 CV 曲线具有更大的面积，这表明 PANI/EG 电极具有较高的比电容。PANI/EG 电极 CV 曲线的面积远远大于 EG 电极 CV 曲线的面积，这表明 PANI/EG 复合材料较高的比电容主要来源 PANI 产生的赝电容，EG 主要起到了作为骨架支撑和电子传输作用。PANI/EG 电极的 CV 曲线上的两对氧化还原峰的位置随着 EG 质量比的增加逐渐发生了偏移。这主要是由于 EG 的类石墨烯片层与 PANI 之间的相互作用改变了氧化还原反应时对应的电位。PANI/EG12 复合材料电极在不同扫描速度下的 CV 测试结果如图 2 – 13（b）所示。CV 曲线的响应电流密度随扫描速度的增加而增加，且电流密度与扫描速度呈线性关系。这表明 PANI/EG 电极氧化/还原反应电流具有可逆稳定性和快速响应性。这是由于 PANI/EG 复合材料有序的多级结构缩短了电解液离子的扩散距离，更

有利于快速的氧化还原反应。

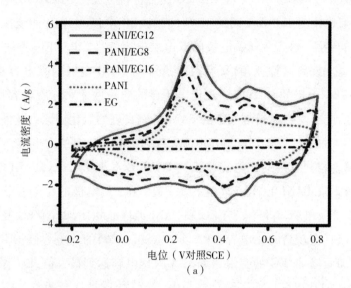

（a）

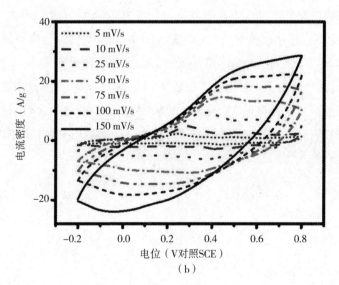

（b）

图 2 – 13　（a）EG、PANI/EG16、PANI/EG12、

PANI/EG8 和 PANI 电极的 CV 曲线图,

扫描速度:10 mV/s,电位范围: – 0.2 ~ 0.8 V;

（b）PANI/EG12 电极在不同扫描速度下的 CV 曲线图,扫描速度:5 ~ 150 mV/s

GCD 测试是研究超级电容器电极材料电容特性的重要方法。图 2-14(a) 为 EG、PANI 和 PANI/EG 复合材料电极在 1 M H_2SO_4 电解液中电流密度为 1.0 A/g 时的 GCD 曲线。EG 电极的 GCD 曲线呈准三角形的特征,这说明 EG 电极的双电层电容特性。PANI 电极的 GCD 曲线呈现偏离对称三角形的特征,这说明 PANI 电极的赝电容特性。PANI/EG 电极的 GCD 曲线表现出明显的非线性的对称赝电容特征,这表明此类复合材料电极中的 PANI 具有良好的氧化还原可逆性。根据 GCD 曲线计算得到材料在电流密度为 1.0 A/g 时的比电容,PANI/EG 复合材料电极的比电容分别为 PANI/EG8 368.1 F/g,PANI/EG12 425.6 F/g,PANI/EG16 327.6 F/g;PANI 和 EG 电极的比电容分别为 281.7 F/g 和 47.1 F/g。与 EG 和 PANI 纯样品相比,PANI/EG 复合材料电极具有较高的比电容。PANI/EG 复合材料的比电容随 EG 含量的增加而增加,EG 的含量达到 12% 时比电容达到最大值,EG 含量达到 16% 时比电容反而下降。这是由于 EG 的质量比会影响 PANI/EG 复合材料的结构。当 EG 含量较低时(PANI/EG8),复合材料上 PANI 包覆层较厚,且存在团聚的 PANI 簇,较小的 S_{BET} 使电极与电解液接触的面积减少,从而导致比电容较低。当 EG 含量较高时(PANI/EG16),复合材料上 PANI 包覆层较薄,复合材料电极来自 PANI 赝电容的贡献减少。因此,适量的 EG 作为 PANI 生长的骨架,可以使复合材料在拥有较大的比表面积的同时,最大限度地利用 PANI 的赝电容。

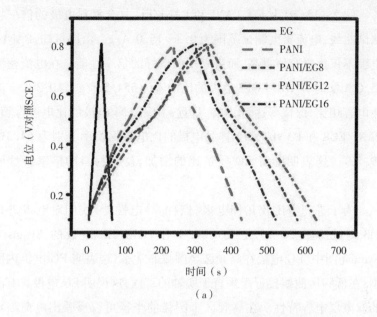

（a）

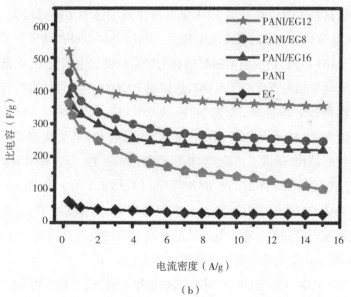

（b）

图 2 – 14 （a）EG、PANI/EG16、PANI/EG12、

PANI/EG8 和 PANI 电极的 GCD 曲线，

电流密度：1.0 A/g；（b）不同电极的比电容随

电流密度变化曲线，电流密度：0.3 ~ 15.0 A/g

图 2 - 14(b)为 EG、PANI 和 PANI/EG 复合材料电极的倍率特性测试曲线,电流密度测试范围为 0.3 ~ 15.0 A/g。由图可知,PANI/EG 电极不仅比电容值最高,而且表现出良好的倍率性能。在电流密度为 15.0 A/g 时,PANI/EG12 电极的比电容为 354.5 F/g,与 0.3 A/g 时的比电容相比,保留率达 68.4%,远远高于 PANI 电极的比电容保留率。PANI/EG8 和 PANI/EG16 样品电极的比电容保留率分别为 64.3% 和 69.7%。这表明随着 EG 质量比的增加,复合材料的倍率特性明显改善。

为了进一步比较几种电极材料的导电性能,我们对电极进行了 EIS 测试。图 2 - 15 是 EG、PANI 和 PANI/EG 电极的 Nyquist 图。Nyquist 图中,EG 电极在高频区半圆弧非常小,这表明 EG 电极内阻较小;在低频区曲线接近于垂直于实轴的直线,这说明 EG 电极具有很好的双电层电容特性。在高频区半圆弧的半径可以反映出电荷与离子在电极材料中的转移电阻。PANI 电极在高频区的半圆弧较大,表明 PANI 电极与电解液的界面电阻较大。PANI/EG 电极在高频区半圆弧小于 PANI 电极,这说明电极材料和电解液的接触电阻变小;在低频区的直线与实轴垂直度高于 PANI,这说明 PANI/EG 复合材料的有序多级结构具有更好的离子扩散特性。PANI/EG 复合材料上的 PANI 与电解液发生的氧化还原反应产生了赝电容,故 EG 骨架构建了复合材料独特的结构,降低了内阻,加快了电解液的扩散。PANI/EG12 电极的 R_s 值为 0.884 5 Ω,比 PANI/EG8(1.022 7 Ω)和 PANI/EG16(1.296 2 Ω)的 R_s 值小很多,这证明 PANI/EG12 电极具有较小的结构电阻以及更高的电导率。低频区的直线与实轴夹角更接近于直角,说明 PANI/EG12 电极具有更优异的电容特性。

EIS 分析结果与 CV 和 GCD 测试结果一致,这主要是因为:

第一,复合材料表面包覆 PANI 可以产生较高的赝电容,塔尖状的结构将有效地增大材料的 S_{BET},为电解液离子和电子的嵌入和脱出提供快速的通道。

第二,EG 的类石墨烯片层作为复合材料骨架,使复合材料内部无接触电阻,使电子在电极内部可以快速传递,且 EG 自身良好的导电性有利于电子快速传输,其作为电极材料可以保证高倍率特性和循环稳定性。

第三,PANI/EG12 样品中 EG 骨架的质量比适中,复合材料的多级结构促进了质子和电子的传递,最大限度地发挥了 PANI 的赝电容。

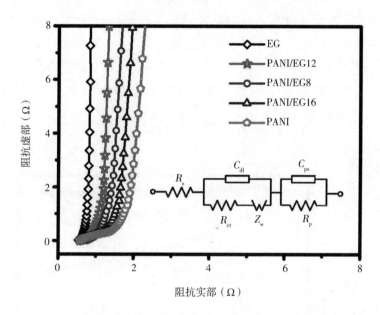

图 2 – 15　EG、PANI/EG16、PANI/EG12、PANI/EG8 和 PANI 电极的
Nyquist 图(对照 SCE),测试条件:频率 100 mHz ~ 100 kHz,
电压振幅 5 mV,插图为拟合的等效电路图

电化学循环稳定性是评定超级电容器电极材料能否实际应用的主要指标。本章中在三电极体系下,测试了 PANI/EG12 电极的循环稳定性,并检测了 EG 和 PANI 电极进行对比。测试结果如图 2 – 16(a)所示,PANI 电极经过 5 000 次充放电循环后,比电容保持率为 61.29% 。PANI 具有较差的循环稳定性,这是因为在重复的充放电过程中,聚合物体积会随着电化学反应发生变化。当 PANI 分子链的机械强度承受不住体积的变化时,就会断裂成小的碎片,最终将导致比

电容的降低。EG 电极在 5 000 次循环之后比电容保持率仍为95.9%，这表明 EG 电极具有较好的循环稳定性。PANI/EG12 电极的比电容保持率为 80.3%。PANI/EG12 电极的循环稳定性远远好于PANI，这是由于 PANI 与 EG 复合形成的 PANI/EG12 复合材料具有独特的结构。EG 的类石墨烯片层作为骨架对包覆在外的 PANI 具有一定的支撑作用，在反复的充放电过程中可以减缓 PANI 分子链的体积变化，避免聚合物分子结构的损坏。EG 骨架保持了复合材料的机械强度和电化学稳定性。图 2 – 16(b) ～ (d) 为 EG、PANI 和 PANI/EG12 电极最后 10 次循环的 GCD 曲线。由图可知，PANI/EG12 电极在多次循环中保持了较好的赝电容的特性，且具有较好的循环可逆性，这是 EG 和 PANI 协同作用的结果。

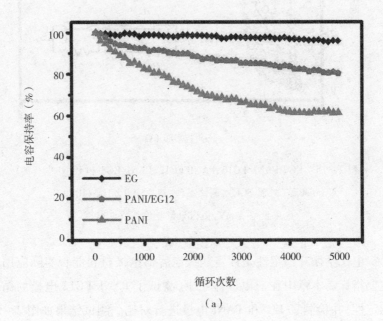

(a)

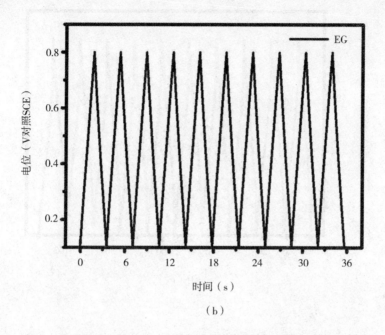

（b）

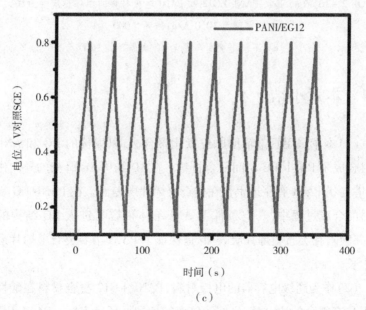

（c）

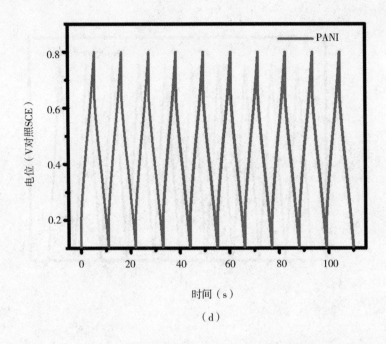

图 2 – 16 （a）EG、PANI/EG12 和 PANI 电极材料的循环稳定性曲线，
电流密度为 10.0 A/g，循环 5 000 次；
（b）~（d）不同电极材料最后 10 次循环的 GCD 曲线

2.4 本章小结

（1）本章采用真空辅助原位氧化聚合法，以廉价的 EG 和 ANI 为
原料合成了 PANI/EG 层间复合材料。在 3D 结构 EG 骨架的导向作用
下，塔尖状 PANI 有序地生长在类石墨烯片层表面。在 PANI/EG 复合
材料的合成过程中，真空条件下 ANI 单体很容易进入 EG 结构的内
部，并吸附在类石墨烯片层表面，这保证了 PANI 沿着类石墨烯片层有
序生长。

（2）作为超级电容器的电极材料，PANI/EG12 复合材料在酸性体
系下具有很高的比电容、良好的倍率特性和循环稳定性。PANI/EG 复
合材料有效地发挥了 EG 和 PANI 的协同作用。3D 有序的多级结构
有利于电解液的渗入和离子的扩散，并使 PANI 的赝电容有效提高。

类石墨烯片层具有良好的导电性,这有利于充放电过程中电子的快速传递;自支撑的类石墨烯骨架在充放电过程中抑制了导电聚合物的膨胀和收缩,从而提高了循环稳定性。

第3章 类石墨烯/聚吡咯层间复合材料制备及电容特性研究

3.1 引言

聚吡咯(PPy)属于本征型导电聚合物,由于具有 C ═C 键和 C—C 键交替排列成的大共轭 π 键而具有优异的电导率。加之 PPy 的制备过程简单、化学稳定性好且价格低廉,因此它被认为是众多导电聚合物中最具应用前景的超级电容器电极材料之一。[130-131] PPy 作为电极材料在酸性和中性电解液中均表现出了良好的电容特性。然而,PPy 与其他导电聚合物同样具有较差的倍率特性和循环稳定性。因此,提高 PPy 的比电容和稳定性就成了 PPy 的研究热点。[132]

研究表明,改善 PPy 电容特性的方式主要有两种[133-134]:

(1) 在 PPy 分子链中引入掺杂剂,通过加速掺杂/去掺杂的氧化还原反应提高赝电容;掺杂剂对 PPy 的电导率影响较大。可以作为掺杂剂的阴离子种类很多,其中,呈酸性的阴离子掺杂剂可以使 PPy 具有较高的电导率。因此,本章中我们选择 HCl 作为 PPy 的掺杂剂。

(2) 通过结构设计可控合成方法合成具有较大 S_{BET} 且机械性能较好的 PPy 复合材料,可以提高电解液离子在 PPy 材料内的扩散速度,减少 PPy 分子链在充放电过程中体积的收缩或膨胀。不同的形貌的碳材料由于具有良好的导电性而成为合成 PPy 复合材料的理想材料。其中,2D 的石墨烯与 PPy 的复合材料及氧化石墨烯与 PPy 的复合材料在协同效应的作用下表现出较好的电容特性。然而,由于 2D 的石墨烯及氧化石墨烯极易团聚,因而会影响所合成的 PPy 复合材料的结构和导电性。[135-136]

因此,选择具有适当结构和导电性的碳材料作为合成复合材料的骨架,改善 PPy 作为电极材料的各项性能具有重要研究意义。

本章中,我们依然选择具有 3D 空间结构的 EG 作为骨架。采用真空辅助原位氧化聚合法,在不引入异相成核活性材料的条件下合成了类石墨烯/聚吡咯(PPy/EG)层间复合材料。同时,在合成过程中将 HCl 引入 PPy 分子链作为掺杂剂。对 PPy/EG 复合材料的结构进行了表征,并进一步探讨了复合材料的形成机理。分别考察了 PPy/EG 复合材料作为电极材料在酸性和中性电解液中的电容特性。研究结果表明,本章所合成的 PPy/EG 复合材料无论是在酸性体系还是中性体系中均表现出优异的电容特性。

3.2　实验部分

筛选粒径小于 45 μm（325 目）的可膨胀石墨,采用交替式微波法对可膨胀石墨进行膨化处理,处理时间为 30 s,得到膨胀石墨。在真空辅助条件下,按照一定质量比将 Py 单体灌注到 3D 的 EG 片层结构中。在 0~5 ℃的冰水浴下,加入 60 mL 的 1 M HCl 后磁力搅拌 2 h。缓慢滴加(NH_4)$_2$$S_2$$O_8$溶液后保持在 0~5 ℃温度条件下,搅拌反应 24 h。产物经无水乙醇和蒸馏水反复洗至滤液无色且 pH 值呈中性后,60 ℃烘干 24 h。研磨后得墨绿色粉末,为 PPy/EG 复合材料。分别合成含有 EG 质量百分比为 5%、10% 和 15% 的样品,并命名为 PPy/EG5、PPy/EG10 和 PPy/EG15。按照以上方法制备纯 PPy 样品作为对比。

3.3 结果与讨论

3.3.1 PPy/EG 复合材料的结构表征

PPy/EG 复合材料的合成过程为:首先,采用交替式微波法使可膨胀石墨受热膨胀。接下来,采用真空辅助插层法将 Py 单体灌注到 EG 中,使 Py 单体均匀地吸附在 EG 的类石墨烯片层表面。最后,在氧化剂的作用下使 Py 单体原位聚合,并沿 EG 骨架生长,在类石墨烯片层表面生成包覆层,从而形成 PPy/EG 层间复合材料。我们采用 SEM 对复合材料和纯样品的形貌进行对比表征。图 3 − 1(a) 为 EG 样品的 SEM 图,所制备的 EG 是由类石墨烯片层组成的 3D 空间结构。类石墨烯片层由约十层的石墨烯叠加而成,厚度约为 2 nm。如图 3 − 1(b) 所示,在没有模板导向作用的情况下,PPy 呈无序的小球状堆积在一起。

(a)

（b）

图 3 – 1　EG(a)和 PPy(b)的 SEM 图

图 3 – 2 为 PPy/EG 复合材料的 SEM 图。由图可知,当有 3D 结构的 EG 作为聚合生长的骨架时,PPy 沿骨架聚合生长,均匀地包覆在 EG 的类石墨烯片层表面。而且,PPy 包覆层插层进入 3D 结构 EG 的内部。在氧化剂的作用下,Py 沿着垂直 2D 类石墨烯片层的方向呈球状堆积生长。如图 3 – 2(a)、(c)、(e)所示,PPy 包覆层的厚度随着 EG 含量的降低而变厚。因此,类石墨烯片层上 PPy 包覆层的厚度可以通过改变 EG 的质量比进行调控。当 EG 含量为 5% 时,出现了大量无序堆积状的 PPy 小圆球。如图 3 – 2(b)、(d)、(f)所示,PPy/EG15、PPy/EG10 和 PPy/EG5 复合材料片层的厚度约为:100 nm、200 nm 和 300 nm。PPy/EG 复合材料具有 3D 结构,这种结构在作为超级电容器电极材料时可以有效地增加 PPy 与电解液的接触面积。同时,连通的类石墨烯片层具有良好的导电性,在复合材料内可以作为自支撑的集电器,改善材料的电容特性。

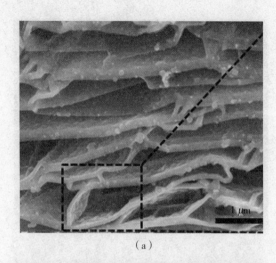

（a）

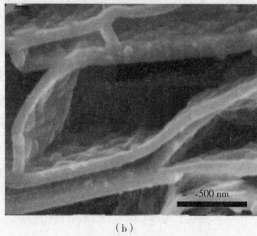

（b）

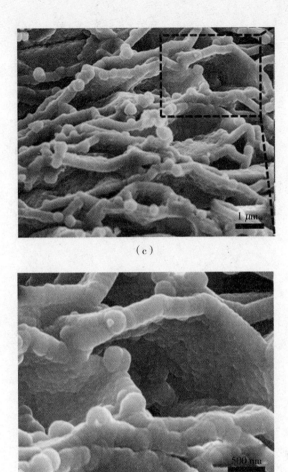

（c）

（d）

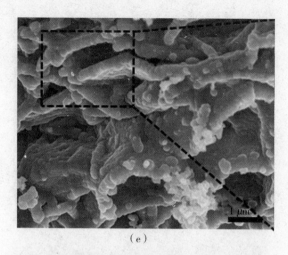

(e)

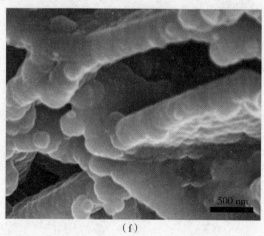

(f)

图 3-2　PPy/EG 复合材料的 SEM 图:(a)、(b) PPy/EG15 的 SEM 图;
(c)、(d) PPy/EG10 的 SEM 图;(e)、(f) PPy/EG5 的 SEM 图

　　为了进一步确定 PPy/EG 复合物中 EG 的质量比对复合材料片层厚度的影响,本章采用 TGA 对 EG、PPy 和不同质量比 PPy/EG 复合材料进了表征。样品的 TGA 曲线见图 3-3。在 N_2 条件下,EG 在 650 ℃时开始分解,800 ℃时失重约为 60%。PPy 和 PPy/EG 样品在 100 ℃到 300 ℃质量的减少,归因于 PPy 中掺杂 HCl 的挥发。PPy 和 PPy/EG 样品主要失重从 300 ℃开始,主要为 PPy 分子链的降解和结构重

组。当温度到 800 ℃时,样品的质量保留率分别为:PPy 4.9% ,EG/
PPy15 57.9% ,EG/PPy10 41.8% ,EG/PPy5 28.5%。同样温度下,
PPy/EG 复合材料中 EG 含量越高,失重越少,热稳定性越好。这是由
于类石墨烯上 PPy 包覆的厚度不同。TGA 的结果与 SEM 分析结果相
一致。与 PPy 相比,PPy/EG 复合材料的热分解起始温度较高,这说明
PPy 与类石墨烯间具有较强的分子间作用力。

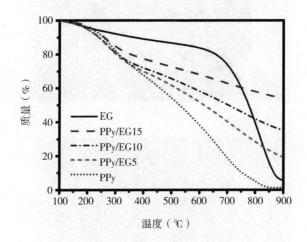

图 3 - 3　EG、PPy/EG15、PPy/EG10、PPy/EG5 和 PPy 样品的 TGA 曲线

　　PPy/EG10 复合材料的片层厚度适中,且没有出现无定形的 PPy。
因此,我们进一步对 PPy/EG10 复合材料的形貌和结构进行了 TEM 分
析。如图 3 -4(a)所示,类石墨烯片层的褶皱清晰可见。小圆球状 PPy
有序地包覆在类石墨烯片层的表面。PPy 圆球的直径为 150 ~ 200 nm。
图 3 -4(b)、(c)中可知,PPy/EG10 复合材料片层厚度均匀,包覆层边
缘处 PPy 呈现堆积状生长。样品的 HRTEM 图(图 3 -4d)中,复合材
料的边缘处类石墨烯片层清晰可见。这一结果与 SEM 测试结果相
一致。

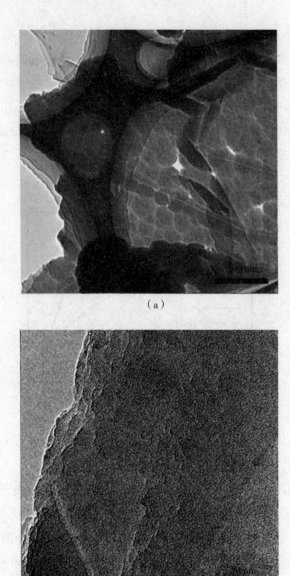

（a）

（b）

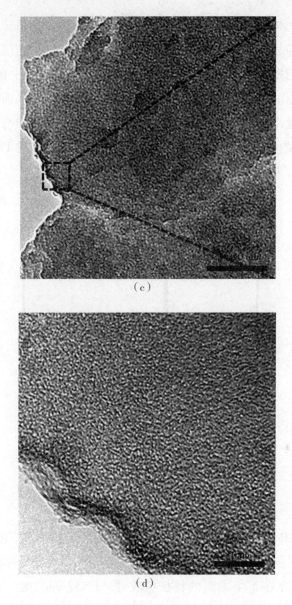

图 3 - 4　PPy/EG10 复合材料不同放大倍率的 TEM 图

　　图 3 - 5 为 EG、PPy 和 PANI/EG 复合材料样品的 XRD 谱图。如图所示,EG 的 XRD 谱图在 $2\theta = 26.7°$ 处出现一个很窄且强度较高的衍射峰,该峰对应于石墨的(002)晶面衍射峰,根据布拉格方程计算,

EG 石墨晶体的晶面层间距 d 为 0.34 nm。可知类石墨烯片层排列规整。PPy 样品在 $2\theta = 17° \sim 28°$ 区域出现了一个较宽的衍射峰,对应 PPy 为无定型结构。PPy/EG 复合材料样品的 XRD 谱图中在 $2\theta = 17° \sim 28°$ 区域出现了 PPy 的宽峰;在 $2\theta = 26.7°$ 处的(002)晶面衍射峰随着 EG 质量比的增加而变强。这说明 EG 的类石墨烯片层与 PPy 聚合物分子链之间存在较强的 $\pi - \pi$ 共轭作用,而且无定型的 PPy 包覆层厚度影响了材料的结晶度。

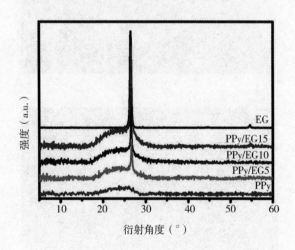

图 3 - 5   EG、PANI/EG16、PANI/EG12、

PANI/EG8 和 PANI 样品的 XRD 谱图

FT - IR 是用来表征导电聚合物官能团的重要手段。图 3 - 6 为 PPy/EG 复合材料和纯 PPy 样品的 FT - IR 谱图。纯 PPy 样品的 FT - IR 谱图上存在 5 个主要的特征吸收峰。1 552 cm^{-1} 处为吡咯环的 C≡C键面内伸缩振动吸收峰,1 477 cm^{-1} 处为吡咯环的 C—N 键非对称伸缩振动吸收峰,1 183 cm^{-1} 处为 C—N 键伸缩振动吸收峰,1 040 cm^{-1} 处为 N—H 键环内变形振动峰,906 cm^{-1} 处为 C—H 键的面内变形振动。[137] PPy/EG 复合材料样品的 FT - IR 谱图上同样存在 PPy 的特征吸收峰,但上述特征吸收峰略微向低波数移动,发生红移。

这是由于 PPy 聚合物分子链与 EG 的类石墨烯片层间发生相互作用，形成了氢键。同时使得吡咯环上 π 键上的电子的离域性增强，进而导致 PPy 的骨架振动发生了变化。FT－IR 测试进一步证明了 PPy/EG 复合材料中 PPy 与 EG 的类石墨烯之间发生了很强的相互作用。

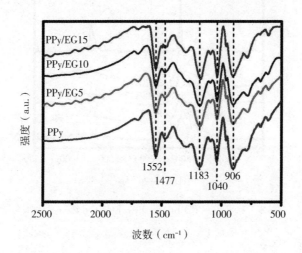

图 3－6　PPy/EG15、PPy/EG10、PPy/EG5 和 PPy 样品的 FT－IR 谱图

采用 Raman 光谱分析材料复合前后结构的变化。EG、PPy 和 PPy/EG 复合材料样品的 Raman 谱图如图 3－7 所示。EG 的 Raman 谱图中出现 3 个特征峰，分别为：$1\,374\,cm^{-1}$ 处的 D 带、$1\,582\,cm^{-1}$ 处的 G 带和 $2\,754\,cm^{-1}$ 处的 2D 带。PPy 样品 $1\,353\,cm^{-1}$ 处吸收峰归属于 C—C 伸缩振动峰，$1\,576\,cm^{-1}$ 处吸收峰为 PPy 环内的 C＝C 伸缩振动峰。[138] 在 PPy/EG 复合材料的 Raman 谱图中，EG 和 PPy 的特征峰相互叠加，融合成两个较宽的吸收峰，分别位于：$1\,368\,cm^{-1}$ 和 $1\,578\,cm^{-1}$。这是 PPy 和类石墨烯相互作用的结果。值得注意的是，在 PPy/EG 复合材料的 Raman 谱图中出现了 PPy 样品没有出现的吸收峰：$976\,cm^{-1}$ 处归属于吡咯环变形振动的吸收峰和 $1\,050\,cm^{-1}$ 处归属于 C—H 面内变形振动的吸收峰。这说明类石墨烯与 PPy 的相互作用，对 PPy 的特征峰有拉曼增强作用。在 PPy/EG15 样品的 Raman

谱图中,上述 PPy 的特征峰明显,这说明 PPy 沿着 EG 骨架生长地更加有序。

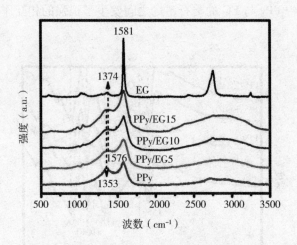

图 3 – 7　EG、PPy/EG15、PPy/EG10、PPy/EG5 和

PPy 样品的 Raman 谱图,激光激发波长:458 nm

为了进一步研究材料表面元素的组成和化学状态。我们采用 XPS 对 PPy 和 PPy/EG10 样品进行了表征。图 3 – 8 为样品的 XPS 全谱谱图。由图可知,PPy 和 PPy/EG10 样品中均含有 C、N 和 O 元素。C、N 和 O 元素的含量见表 3 – 1。PPy 样品的 C 与 N 比为 4.6;PPy/EG10 样品的 C 与 N 比变为 6.5。这是由于 PPy/EG 复合材料中的 EG 以 C 元素为主,引入 EG 后复合材料中 3 种元素的含量发生了变化。

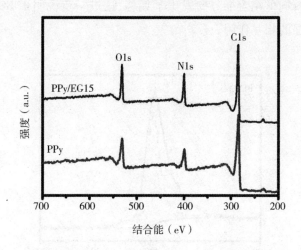

图 3 - 8　PPy 和 PPy/EG10 样品的 XPS 全谱谱图

表 3 - 1　PPy 和 PPy/EG10 样品的元素含量

样品	C1s/%	O1s/%	N1s/%
PPy	71.89	12.49	15.62
PPy/EG10	76.90	11.18	11.92

注:表中%为原子量百分比

如图 3 - 9(a)所示,PPy 的 N1s 高分辨 XPS 谱图可以拟合为两个特征峰,分别结合能为:401.2 eV 的四元氮(N - Q)和 400.4 eV 的吡咯氮(N - 5)。PPy/EG10 样品的 N1s 峰(图 3 - 9b)向低结合能方向发生了偏移,这是由 EG 与 PPy 间发生较强的 π - π 共轭作用导致的。如图 3 - 9(c)所示,PPy 样品的 C1s 的高分辨 XPS 谱图可以拟合为 287.6 eV (C—O/C=O)、285.5 eV (C—N)和 284.5 eV (C—C/C=C)。与 PPy 样品相比,PPy/EG10 样品的 C1s 峰(图 3 - 9d)在 284.5 eV (C—C/C=C)处出现了一个肩峰,这是引入 EG 导致的,从而使碳含量增加,且 C—C/C=C 峰强度明显增强。图 3 - 9(e)中 PPy 样品的 O1s 峰可以拟合为 532.8 eV (O=C—OH/C—OH)、531.4 eV (C—O/C—O—C)和 530.4 eV (C=O/O—C=O)。而 PPy/EG10 样

品的 O1s 峰向低结合能方向发生了偏移,这进一步说明了 EG 与 PPy 间发生较强的相互作用。

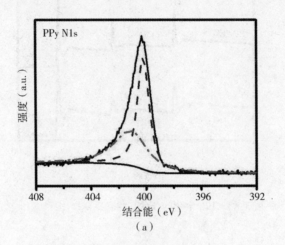

(a)

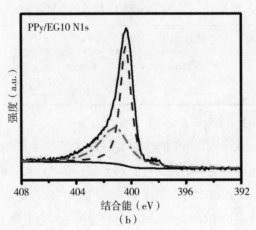

(b)

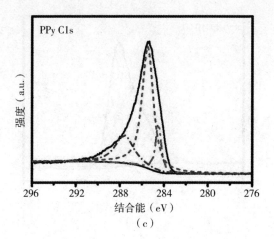

（c）

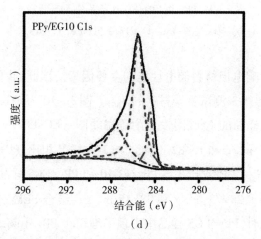

（d）

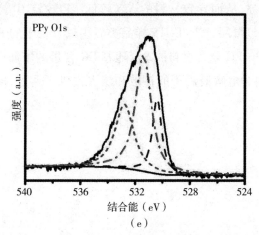

（e）

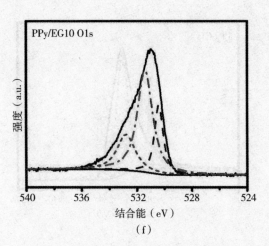

图 3-9 PPy 和 PPy/EG10 样品的 XPS 谱图：
(a, b) N1s 谱图；(c, d) C1s 谱图；(e, f) O1s 谱图

S_{BET} 是影响电极材料储电性能的主要因素。因此，我们采用 N_2 吸附 - 脱附等温线来测试复合材料的 S_{BET}。图 3-10 为 EG、PPy 和 PPy/EG 复合材料样品的 N_2 吸附 - 脱附等温线图。EG 和 PPy 样品的 S_{BET}分别为 26.37 m^2/g 和 15.82 m^2/g。与 PPy 样品相比，PPy/EG 复合材料有略高的 S_{BET}。PPy/EG15、PPy/EG10 和 PPy/EG5 样品的 S_{BET} 分别为 30.97 m^2/g、28.73 m^2/g 和 22.45 m^2/g。结合 SEM 分析结果，当 EG 含量较低时，PPy/EG5 样品中出现了堆积状 PPy 小圆球，填补了复合材料的空隙，从而导致材料的 S_{BET} 较低。PPy/EG10 样品具有适中厚度的 PPy 包覆层，PPy/EG15 样品类石墨烯片层上的 PPy 包覆层较薄。因此 PPy/EG 复合材料的 S_{BET} 随着 EG 含量的增加而增大。PPy/EG 复合材料为电解液离子的扩散和渗入提供了通道，加速了电解液离子的传递。

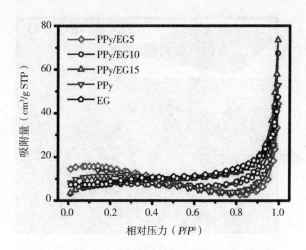

图 3 – 10　EG、PPy、PPy/EG15、PPy/EG10 和
PPy/EG5 样品 N$_2$ 吸附 – 脱附等温线图

3.3.2　PPy/EG 复合材料的形成机理研究

PPy/EG 复合材料的合成过程主要分为两个步骤,如图 3 – 11(a)所示:第一步,采用真空辅助插层的方法将 Py 单体灌注到 EG 的 3D 结构内部。真空辅助产生的驱动力使 Py 单体均匀地分散到 EG 骨架内部,并吸附在类石墨烯片层表面。第二步,在氧化剂 APS 的作用下,在 1 M HCl 溶液中 Py 单体沿 EG 骨架原位聚合生长,在类石墨烯表面形成均匀有序的包覆层。

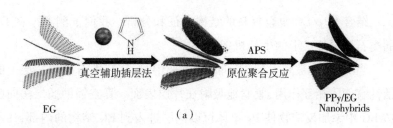

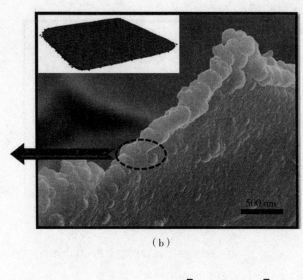

（b）

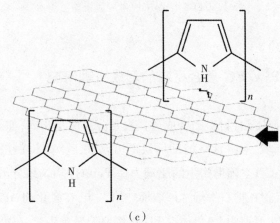

（c）

图 3 - 11 （a）PPy/EG 复合材料的形成机理图，
（b）PPy/EG 复合材料的 SEM 图和结构示意图，（c）PPy/EG 复合材料的分子式

结合 PPy/EG 复合材料的结构表征和分析。我们推测 PPy 在 EG 的类石墨烯片层上的生长机理如下：

当 Py 单体被灌入到 3D 的 EG 骨架中时，其与类石墨烯片层上的活性官能团相互作用，紧紧地吸附在片层表面。真空辅助插层法向固体 EG 中添加反应物使 Py 单体可以插层进入到 EG 结构的内部，在不用引入异相成核活性材料的条件下，使 Py 均匀地包覆在 EG 的类石墨烯表面。当氧化剂加入到上述预聚物悬浮液中时,吸附在类石墨烯片层表面的 Py 单体首先聚合形成异相成核的活性位。这些活性位降低了类石墨烯片层表面的界面势垒。然而,此时由于溶液中 Py 单体浓度很难达到过饱和的状态,故无法通过均相成核形成活性位。因此,Py 分子链优先沿着 EG 骨架聚合生长,随着聚合反应时间的增加,其在类石墨烯片层形成包覆层。所合成的 PPy/EG 复合材料的形貌见图 3-11(b),PPy 沿着垂直类石墨烯片层的方向在片层两侧均匀生长,样品中几乎没有堆积生长的下圆球状 PPy。图 3-11(c) 为 PPy/EG 复合材料的分子式。PPy 为带有共轭 π 键的导电聚合物,引入非键和的掺杂剂可以影响其导电性能。由于原位聚合反应是在 HCl 溶液中进行的,所以所制备的 PPy/EG 复合材料是 HCl 掺杂的。PPy 作为超级电容器电极材料时,其主要是通过掺杂/去掺杂的氧化还原反应产生赝电容。PPy 聚合物分子链中的 P 型掺杂剂 HCl 可以促进 PPy 掺杂/去掺杂的氧化还原反应的发生,产生较高的赝电容。

3.3.3 PPy/EG 复合材料的电容特性研究

为了考察本章合成的 PPy/EG 复合材料作为超级电容器电极材料的电容特性。我们将 EG、PPy 和 PPy/EG 复合材料分别制备成超级电容器的电极,以饱和甘汞电极(SCE)为参比电极,在三电极体系下采用 CV、EIS 和 GCD 法分别测试电极在 1 M H_2SO_4 和 1 M KCl 电解液中的电化学性能。

图 3-12(a) 为 EG、PPy 和 PPy/EG 电极在 1 M H_2SO_4 电解液中,扫描速度为 10 mV/s 时的 CV 测试曲线。如图所示,EG 电极的 CV 曲线呈准矩形特征,但响应电流较小。这表明 EG 电极为双电层电容特性,但比电容较低。PPy 电极的 CV 曲线在电位为 0.4 V 处出现了一个较宽的氧化还原电流。这是由于 PPy 电极在充放电过程中的掺杂/去掺杂产生的氧化还原峰,这表明 PPy 电极为赝电容特性。与 PPy 电极相比,PPy/EG 电极的 CV 曲线上同样出现了明显的氧化还原电流,

且具有较大的面积。这说明 PPy/EG 电极具有更高的比电容,其主要来源于 PPy 产生的赝电容。PPy/EG 电极的 CV 曲线上的氧化还原峰的位置随着 EG 质量比的增加逐渐发生了偏移。这主要是由于 EG 的类石墨烯片层与 PPy 之间的相互作用改变了氧化还原反应时对应的电位。PPy/EG 复合材料的 3D 空间结构增加了电极材料与电解液的接触面积,提高了赝电容,复合材料中的 EG 主要起到了作为骨架的支撑和电子传输作用。PPy/EG10 复合材料电极在不同扫描速度下的 CV 测试结果如图 3 – 12(b)所示。CV 曲线的响应电流密度随扫描速率的增加而增加,且电流密度与扫描速率呈线性关系。这说明 PPy/EG10 电极氧化/还原反应电流具有可逆稳定性和快速响应性。

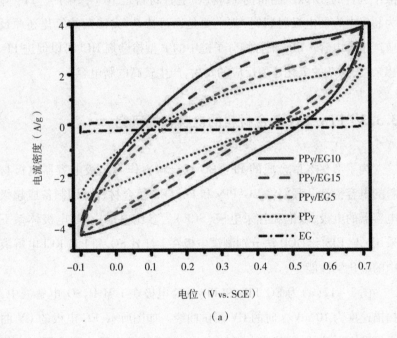

（a）

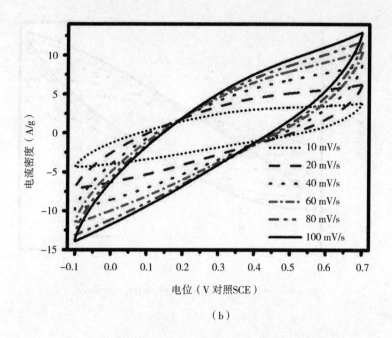

（b）

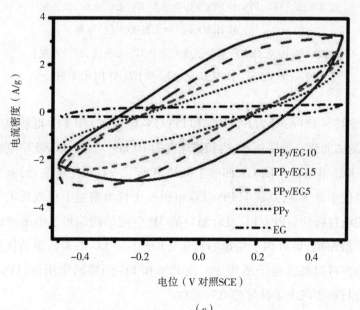

（c）

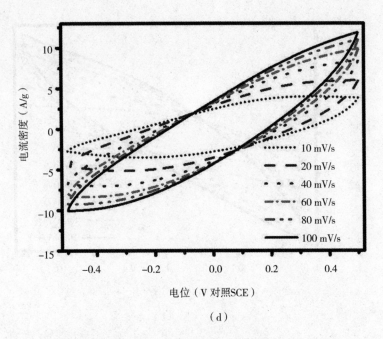

（d）

图 3 – 12　EG、PPy 和 PPy/EG 电极的 CV 测试曲线，扫描速度：

10 mV s^{-1}，1 M H$_2$SO$_4$（a）和 1 M KCl（c）电解液；

PPy/EG10 电极在不同扫描速度下的 CV 曲线图，扫描速度：

10 ~ 100 mV s^{-1}，1 M H$_2$SO$_4$（b）和 1 M KCl（d）电解液

　　图 3 – 12（c,d）为 EG、PPy 和 PPy/EG 电极在 1 M KCl 电解液中的 CV 测试曲线。如图所示，当扫描速度为 10 mV s^{-1}时，PPy/EG 电极在 1 M KCl 电解液中的 CV 曲线上同样出现了一对氧化还原峰，氧化还原峰位于 0.3 V，这表明 PPy/EG 电极在中性电解液中也表现出了良好的电容特性。PPy/EG 复合材料的 3D 空间结构缩短了电解液离子的扩散距离，更有利于快速的氧化还原反应。EG 的类石墨烯优异的导电性可以加速电子的传递。在 PPy 和 EG 的协同作用下，PPy/EG 复合材料表现出了良好的电容特性。

　　图 3 – 13（a）为 EG、PPy 和 PPy/EG 电极在 1 M H$_2$SO$_4$ 电解液中，电流密度为 1.0 A/g 时的 GCD 曲线。PPy 电极的 GCD 曲线呈现扭曲的三角形的特征，这说明 PPy 电极呈赝电容特性。PPy/EG 电极的

GCD 曲线也表现为明显的非线性的赝电容特征,根据 GCD 曲线计算可得到材料在电流密度为 1.0 A/g 时的比电容,PPy/EG 复合材料电极的比电容分别为 PPy/EG5 (376.4 F/g)、PPy/EG10 (454.3 F/g) 和 PPy/EG15 (402.5 F/g);PPy 和 EG 电极的比电容分别为 293.6 F/g 和 46.2 F/g。PPy/EG 电极的比电容随着 EG 含量的增加而增加,EG 的含量达到 10% 时比电容达到最大值,EG 含量达到 15% 时比电容反而下降。这是由于 EG 的质量比会影响 PPy/EG 复合材料的结构。当 EG 含量较低时(PPy/EG5),类石墨烯上的 PPy 包覆层较厚且存在团聚的 PPy 小圆球,较低的 S_{BET} 使电极与电解液接触的面积减少,进而导致比电容较低。当 EG 含量较高时(PPy/EG15),石墨烯上的 PPy 包覆层较薄,复合材料来自 PPy 的赝电容减少。因此,适量的 EG 作为 PPy 生长的骨架,可以使复合材料在拥有较大的比表面积的同时,最大限度地提高 PPy 的赝电容。图 3 - 13(c) 为 EG、PPy 和 PPy/EG 电极在 1 M KCl 电解液中,电流密度为 1.0 A/g 时的 GCD 曲线。PPy 和 PPy/EG 电极的 GCD 曲线均呈现非线性的对称三角形的特征,电极材料的赝电容特征明显。计算得到 PPy 和 PPy/EG 电极在电流密度为 1.0 A/g 时的比电容分别为:PPy (266.9 F/g)、PPy/EG5 (353.6 F/g)、PPy/EG10 (442.7 F/g) 和 PPy/EG15 (399.8 F/g)。电极的比电容略低于在 1 M H_2SO_4 电解液中的测试结果。这是由于 H_2SO_4 电解液中的 H^+ 可以成为 PPy 的掺杂剂,在充放电过程中提高电极材料的比电容。

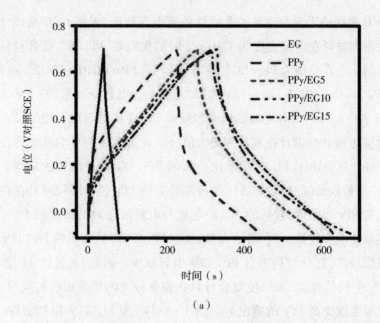

（a）

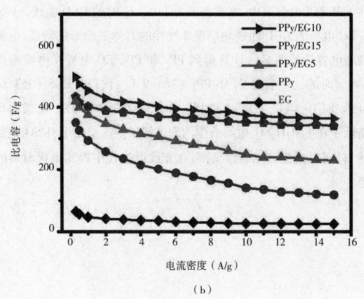

（b）

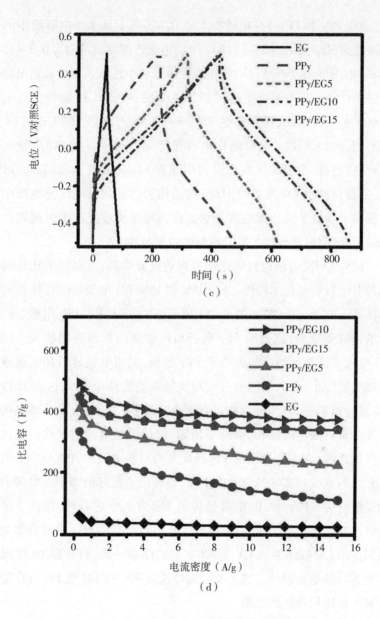

图 3 - 13　EG、PPy 和 PPy/EG 电极的 GCD 测试曲线,电流密度:

1.0 A/g,1 M H₂SO₄(a) 和 1 M KCl(c) 电解液;

不同电极的比电容随电流密度变化曲线,电流密度:

0.3～15.0 A/g, 1 M H₂SO₄(b) 和 1 M KCl(d) 电解液

　　EG、PPy 和 PPy/EG 电极在 1 M H_2SO_4 和 1 M KCl 电解液中的倍率特性测试结果见图 3 – 13(b)、(d)，电流密度测试范围为 0.3 ~ 15.0 A/g。由图可知，PPy/EG 电极在酸性体系和中性体系下均表现出良好的倍率性能。当电流密度达到 15.0 A/g 时，PPy/EG10 电极的比电容与 0.3 A/g 时相比，保留率达 75.9% (1 M H_2SO_4) 和 73.3% (1 M KCl)，远远高于 PPy 电极的比电容保留率。对比不同 EG 质量比的 PPy/EG 电极，电极的比电容保留率随着 EG 含量增加而提高。PPy/EG 复合材料中 EG 骨架的 3D 空间结构和优异的导电性使电极中电解液离子和电子的传输速度加快。在高电流密度充放电时展现出良好的性能，明显地改善了复合材料的倍率特性。

　　EIS 是研究电极材料电化学过程的重要手段，可以用来比较研究几种电极材料电化学特性。EG、PPy 和 PPy/EG 电极在酸性体系和中性体系下的 Nyquist 图如图 3 – 14 所示。Nyquist 图中 PPy 电极在高频区的半圆弧较大，这表明 PPy 电极与电解液的界面电阻较大。PPy/EG 电极在高频区的半圆弧小于 PPy 电极，说明电极材料和电解液的接触电阻变小；在低频区的直线与实轴垂直度高于 PPy，这表示 PPy/EG 复合材料的 3D 空间结构具有更快的离子扩散速度。EG 骨架构建了复合材料独特的结构，降低了内阻，加快了电解液的扩散。对比低频区的直线，在不同比例的 PPy/EG 复合材料电极中，PPy/EG10 电极低频区的直线与实轴的垂直度更高，表现出了较好的离子在电极表面的扩散行为。PPy/EG10 电极呈现出了良好的电容特性，接近于理想的赝电容电极材料的状态，可以成为比电容较高的电化学电容器电极材料。EIS 分析结果与 CV 和 GCD 测试结果一致，PPy/EG10 电极具有更优异的电容特性。这主要是适当比例 PPy 和 EG 在 PPy/EG 复合材料中的协同作用的结果。

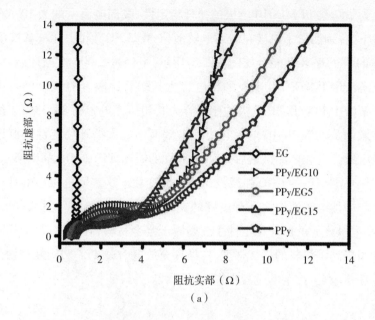

（a）

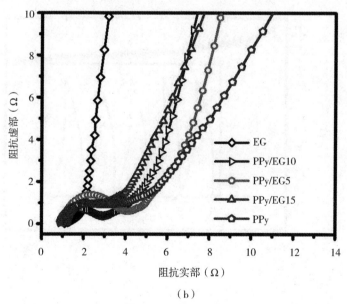

（b）

图 3 - 14　EG、PPy 和 PPy/EG 电极在 1 M H$_2$SO$_4$（a）和
1 M KCl（b）电解液中的电化学阻抗 Nyquist 图（对照 SCE），
测试条件:频率 100 mHz ~ 100 kHz,电压振幅 5 mV

为了考察 PPy/EG10 电极的循环稳定性,我们电流密度为 10 A/g 条件下,分别测试了电极在酸性电解液(1 M H₂SO₄)和中性电解液(1 M KCl)中的循环性能。如图 3 – 15 所示,下经过 2 000 次循环后,酸性电解液中 PPy/EG10 电极的比电容为其初始比电容的 83.86%;中性电解液中 PPy/EG10 电极的比电容为其初始比电容的 86.33%。值得注意的是,PPy/EG10 电极在中性电解液中的次循环稳定性略好于酸性电解液。循环测试最后 5 次的 GCD 曲线图如图 3 – 15 插图所示。多次循环测试后的 CGD 曲线没有明显的变化。这表明电极在酸性电解液和中性电解液中均具有良好的循环稳定性和循环可逆性。PPy/EG10 电极优异的循环稳定性主要归因于复合材料内部类石墨烯的支撑作用提高了材料的机械强度,在循环充放电时减少了 PPy 聚合物分子链在掺杂/去掺杂的过程中发生的断裂。

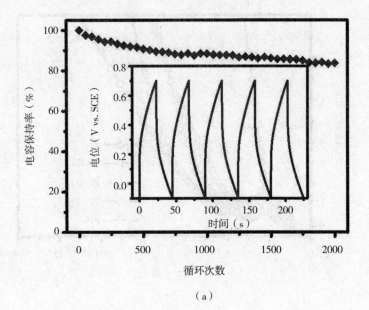

（a）

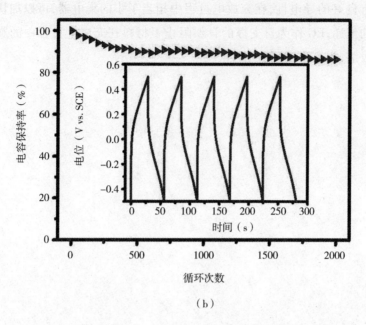

图 3 – 15 PPy/EG10 电极的循环稳定性随循环次数变化的曲线，
测试条件为：电流密度为 10 A/g，循环 2 000 次；1 M H$_2$SO$_4$（a）
和 1 M KCl（b）电解液，插图为循环最后 5 次的 GCD 曲线

3.4 本章小结

（1）本章采用真空辅助原位氧化聚合法，以廉价的 EG 和 Py 为原料合成了类石墨烯/PPy 层间复合材料。在 3D 结构 EG 骨架的导向作用下，小圆球状的 PPy 有序地包覆生长在类石墨烯表面。在材料合成过程中，真空辅助插层法使 Py 单体进入了 EG 结构的内部，并吸附在类石墨烯片层表面。这保证了 PPy 优先沿着类石墨烯生长。

（2）作为超级电容器的电极材料，PPy/EG 电极在酸性体系和中性体系下均表现出优异的电容特性，具有高的比电容、良好的倍率特性和循环稳定性。PPy/EG 复合材料的 3D 空间结构有利于电解液的渗入和离子的扩散，使 PPy 的赝电容有效提高；内层的类石墨烯片层具有良好的导电性,在充放电过程中相当于小的集电器,可以加快电子的传递;EG 作为自支撑的骨架阻止了材料在充放电过程中的膨胀和收缩,提高了循环稳定性。

第4章 类石墨烯/聚3,4-乙撑二氧噻吩层间复合材料制备及电容特性研究

4.1 引言

聚3,4-乙撑二氧噻吩（PEdot）作为超级电容器电极材料具有独特的优势。[139]与其他导电聚合物相比，PEdot 的聚合物分子链呈线性，在氧化还原（掺杂/去掺杂）的循环过程中更加稳定，且具有更高的循环稳定性。适当掺杂后的 PEdot 可以具有较高的电导率。[140]尽管，PEdot 的理论比电容低于其他导电聚合物，但 PEdot 可以在中性电解液中保持良好的电容特性，且具有更大的电化学电位窗口。[141]因此，PEdot 成为目前国内外科研人员研究较多的导电聚合物。

针对 PEdot 作为超级电容器电极材料时比电容低的问题，科研工作者做了大量的工作。研究表明掺杂剂，在 PEdot 分子链中引入掺杂剂可以有效阻止线性 PEdot 自身的团聚，并提高 PEdot 的电导率。[142]这是由于引入的掺杂剂可以与 PEdot 上的硫相互作用，使聚合物分子链舒展开；同时可以改变 PEdot 的价态，从而提高 PEdot 的导电性能。用于 PEdot 的掺杂剂主要为阴离子掺杂的 p 型掺杂剂，如：聚苯乙烯磺酸（PSS）、甲基苯磺酸、樟脑磺酸和氨基磺酸（AFS）等。[143-145] PSS 作为掺杂剂可以与 PEdot 相互作用形成有序的结构，加速正电荷的转移。但是，PEdot 作为超级电容器电极材料在具有较高电导率的同时，

还要有较大的比表面积。PEdot/PSS 的聚合物分子链较大,阻碍电解液离子与电极材料的接触。因此本章中,我们选择了具有小分子结构的 AFS 作为掺杂剂进行研究。可控的合成具有不同结构的 PEdot 可以增加 PEdot 的 S_{BET}。3D 空间结构的超级电容器电极材料有助于电解液渗入,可降低电解液的扩散电阻,加速电解液离子和电子的传递。[146] 因此,将 PEdot 与具有不同形貌的碳材料复合是一个有效的方式。碳基 PEdot 复合材料由于具有不同的形貌作为电极材料可以展现出优异的电容特性。

本章,我们采用原位聚合的方法,以 3D 结构的 EG 为骨架合成了类石墨烯/PEdot 层间复合材料(S‐PEdot/EG)。为了改善 PEdot 的电导率,选择 SFA 作为掺杂剂引入 PEdot 分子链。并对 S‐PEdot/EG 复合材料的结构进行了表征,进一步探讨了复合材料的形成机理。考察了 S‐PEdot/EG 复合材料作为电极材料在中性电解液中的电容特性。S‐PEdot/EG 复合材料独特的 3D 自支撑结构有利于电解液离子的渗入和电子的快速传递,适合用作超级电容器的电极材料。本章合成 S‐PEdot/EG 复合材料采用的原材料价格低廉且环保,可以作为大规模的合成并应用在超级电容器领域。

4.2　实验部分

首先将 SFA 搅拌溶解到 50 mL 的蒸馏水中。然后,分别将 Edot(3.13 g, 1.8 g , 1.23 g)加入到上述溶液中,超声 1 h 得到分散均匀的悬浮液。接下来在真空辅助条件下,将上述悬浮液灌注到 0.2 g EG 中。将 APS 水溶液在搅拌下缓慢滴入上述混合液中,在室温下搅拌反应反应 48 h。产物经无水乙醇和蒸馏水反复洗至滤液无色且 pH 值呈中性后 60 ℃ 烘干 24 h。研磨后得到蓝黑色粉末为 S‐PEdot/EG 复合材料。本章中,将 EG 的质量比为 6%、10% 和 14% 的样品分别命名为 S‐PEdot/EG6、S‐PEdot/EG10 和 S‐PEdot/EG14。按照以上合成方法分别制备 S‐PEdot 和无 SFA 掺杂的 PEdot/EG10 样品作为对比样。

4.3　结果与讨论

4.3.1　PEdot/EG 复合材料的结构表征

本章中,S - PEdot/EG 复合材料合成过程为:首先,采用交替式微波法使 EG 受热膨胀。经微波膨胀处理后得到 EG 的形貌表征见图 2 - 2。所制备的 EG 是由类石墨烯片层组成的 3D 空间结构;接下来,采用真空辅助插层法将 Edot 单体和 SFA 掺杂剂灌注到 EG 中,使 Edot 和 SFA 均匀地吸附在 EG 的类石墨烯片层表面;最后,在氧化剂的作用下使掺杂 SFA 的 Edot 单体原位聚合,并沿 EG 骨架生长,在类石墨烯片层表面生成包覆层,形成 S - PEdot/EG 层间复合材料。

本章首先采用 XRD 对 EG、S - PEdot 和 S - PEdot/EG 复合材料的晶体结构进行表征。如图 4 - 1 所示,EG 样品在 $2\theta = 26.7°$ 处出现一个很强的衍射峰,该峰对应于石墨的(002)晶面衍射峰,这表明 EG 的类石墨烯片层的石墨结构排列规整。S - PEdot 样品在 $2\theta = 25.6°$ 处较弱的特征衍射峰是由聚合物分子链晶面环纵向堆积产生的,对应于聚合物主链上的(020)衍射峰。在 S - PEdot/EG 复合材料的 XRD 谱图上,随着 EG 质量比的增加,叠加形成的衍射峰变强且逐渐宽化,这是由 PEdot 和 EG 间的相互作用导致的。XRD 分析结果表明,PEdot 成功地插层进入了 EG 骨架,并原位聚合与类石墨烯片层间产生了较强的相互作用。

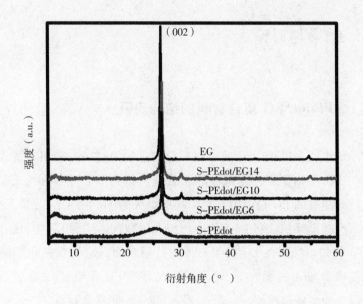

图 4 – 1   EG、S – PEdot/EG14、S – PEdot/EG10,
S – PEdot/EG6 和 S – PEdot 样品的 XRD 谱图

　　采用 Raman 光谱进一步分析 EG、S – PEdot 和 S – PEdot/EG 复合材料样品的结构。如图 4 – 2 所示,EG 的 Raman 谱图中出现了 3 个特征峰,分别为:1374 cm^{-1}处的 D 带、1 582 cm^{-1}处的 G 带和 2 754 cm^{-1}处的 2D 带。S – PEdot/EG 复合材料样品中 G 带的峰强度随着 EG 质量比的增加而明显变强。S – PEdot/EG10 样品在波数为 1 441 cm^{-1}和 1 510 cm^{-1}处出现了两个较强的特征峰,分别归属于 PEdot 分子结构中—C ≡C—键的对称伸缩振动和反对称伸缩振动。1 370 cm^{-1}处的特征峰归属于孤立的 C_β—C_β 伸缩振动。1 266 cm^{-1}处的特征峰归属于环内的 C_α—C_α 伸缩振动。1 370 cm^{-1}和 1 266 cm^{-1}处出现的两个较弱的峰为环内 C_α—C_α 弯曲振动峰,这两个峰的出现表明 PEdot 具有良好的共轭平面结构。然而,S – PEdot 样品的 Raman 谱图中上述特征峰却没有明显出现,这说明类石墨烯与 PEdot 的相互作用对PEdot 的特征峰有拉曼增强作用。S – PEdot/EG10 样品的 Raman 谱图上 PEdot 的特征峰明显,这说明 PEdot 聚合物沿着 EG 骨架生长得更加有序;EG 的特征峰发生红移,表明 PEdot 和类石墨烯片层间发生了较强的 π－π 共轭作用。

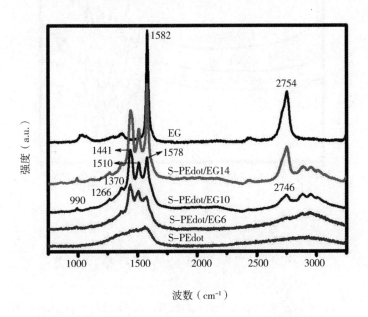

图 4－2 EG、S－PEdot/EG14、S－PEdot/EG10、S－PEdot/EG6 和

S－PEdot 样品的 Raman 谱图,激光激发波长:458 nm

采用 FT－IR 光谱对 S－PEdot 和 S－PEdot/EG 复合材料样品的有机官能团进行表征。如图 4－3 所示,S－PEdot/EG 复合材料均具有的特征吸收峰为:$1\,518\,cm^{-1}$、$1\,356\,cm^{-1}$、$1\,207\,cm^{-1}$ 和 $1\,046\,cm^{-1}$ 处的吸收峰为二氧次乙基环的 C—O—C 弯曲振动吸收峰;$984\,cm^{-1}$、$846\,cm^{-1}$ 和 $694\,cm^{-1}$ 处的吸收峰为噻吩环的 C—S—C 伸缩振动峰。S－PEdot/EG 样品的 FT－IR 特征吸收峰均归属于 PEdot 的特征峰,这说明 Edot 被成功地插层到 EG 骨架中,并在类石墨烯片层表面聚合生长,形成了包覆层。与 S－PEdot 样品相比,S－PEdot/EG 样品的吸收峰向低波数发生轻微位移。该现象与 Raman 分析结果一致,这进一步表明了 PEdot 和类石墨烯片层间发生了较强的 π－π 共轭作用。

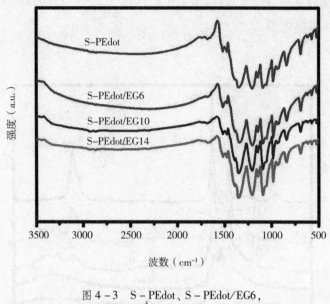

图 4 – 3　S – PEdot、S – PEdot/EG6,

S – PEdot/EG10 和 S – PEdot/EG14 样品的 FT – IR 谱图

　　为了进一步研究所合成的样品的形貌,我们对 S – PEdot 和 S – PEdot/EG 复合材料进行了 SEM 和 TEM 表征。图 4 – 4(a)为 S – PEdot 样品的 SEM 图。如图所示,脊状的 S – PEdot 聚合物团簇堆积在一起呈珊瑚状的整体结构。这是由于 Edot 单体在没有骨架导向作用的情况下,无序聚合生长形成的。S – PEdot 样品的 TEM 图中,可以清晰地观察到脊状的 S – PEdot,这与 SEM 表征结果一致。我们以 S – PEdot/EG10 为 S – PEdot/EG 复合材料的代表,对其进行了 SEM 和 TEM 表征。如图 4 – 4(d)所示,在 EG 骨架的模板导向作用下,Edot 沿着 EG 的类石墨烯片层原位聚合生长,并将片层的两侧紧紧地覆盖。S – PEdot/EG10 复合材料的厚度约为 170 nm。图中复合材料中间的亮线为类石墨烯片层的边缘,两侧的 PEdot 包覆层厚度均一。如 S – PEdot/EG10 样品的 TEM 图(图 4 – 4e)所示,复合材料表面平整、均匀。在高分辨率 TEM 图(图 4 – 4f)中可以观察到,包覆的 S – PEdot 依然保持着脊状结构。S – PEdot/EG10 复合材料的 SEM 和 TEM 表征结果说明,在 3D 空间结构 EG 骨架的导向作用下,S - PEdot 均匀地包覆在类石墨烯片层表面,形成了插层结构。

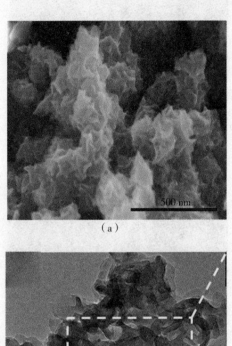

(a)

(b)

（c）

（d）

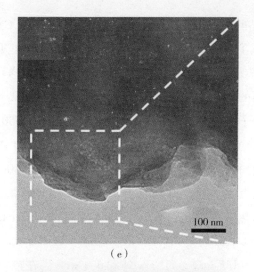

（e）

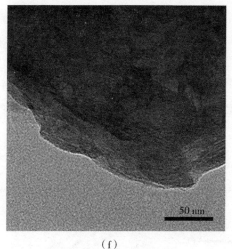

（f）

图4－4 （a）S－PEdot 的 SEM 图；（b）、（c）S－PEdot 的 TEM 图；

（d）S－PEdot/EG10 的 SEM 图；

（e）、（f）S－PEdot/EG10 的 TEM 图

为了考察 EG 质量比对 S－PEdot/EG 复合材料形貌的影响，我们结合 TGA 和 SEM 技术对不同 EG 质量比的 S－PEdot/EG 复合材料进行了对比表征。TGA 测试在 N_2 环境下进行。如图4－5（a）所示，EG 在 650 ℃时开始分解，800 ℃时失重约为 60 wt%。如图4－5（a）中的

S－PEdot 样品的 TGA 曲线所示,样品在 100 ℃ 到 250 ℃ 温度范围内,质量逐渐降低了 10 wt%,这是由材料中吸附水随温度升高挥发导致的。该现象在 S－PEdot/EG 样品的 TGA 曲线上同样可以观察到。S－PEdot 样品的重要失重温度范围出现在 250 ℃ 到 650 ℃,这主要归因于 PEdot 分子链骨架的断裂分解。其 TGA 曲线在 350 ℃ 出现的拐点是由 SFA 分子中磺酸基的断裂产生的。与 S－PEdot 样品不同,S－PEdot/EG 复合材料的热失重温度从 250 ℃ 延续到了 800 ℃。复合材料在 650 ℃ 之后的失重一部分是由于残留 S－PEdot 的分解,一部分是由于 EG 的热分解。当温度达到 800 ℃ 时,S－PEdot样品失重 97 wt%;S－PEdot/EG14、S－PEdot/EG10 和S－PEdot/EG6 样品的残留质量比分别为 14.5 wt%、11.7 wt% 和 6.4 wt%。在整个 TGA 测试过程中,S－PEdot/EG 复合材料在同样温度下,EG 含量越高失重越少,热稳定性越好。这与复合材料上 S－PEdot 包覆层的厚度有关。

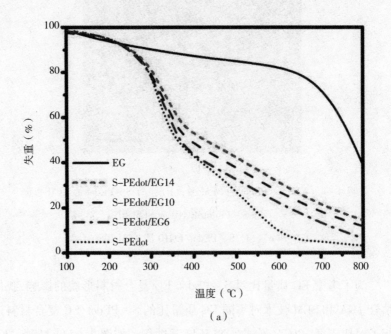

（a）

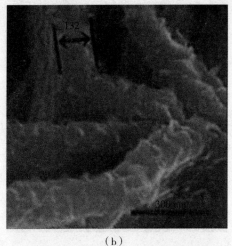

（b）

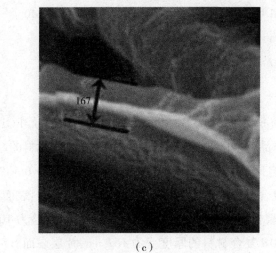

（c）

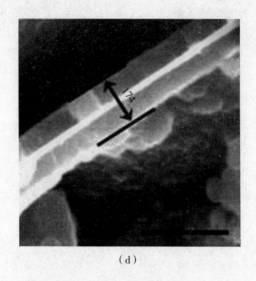

（d）

图 4 – 5　（a）EG、S – PEdot/EG14、S – PEdot/EG10、
S – PEdot/EG6、S – PEdot 的 TGA 曲线；
（b）S – PEdot/EG14，（c）S – PEdot/EG10，
（d）S – PEdot/EG6 样品对应的 SEM 图

图 4 – 5（b）～（d）为 S – PEdot/EG14、S – PEdot/EG10 和 S – PEdot/EG6 样品对应的 SEM 图。S – PEdot/EG 复合材料的厚度受 EG 质量比的影响比较明显。当复合材料中 EG 含量为 6 wt% 时，S – PEdot/EG6 复合材料的厚度约为 174 nm，且在复合材料表面出现堆积的 S – PEdot 聚合物团簇。当复合材料中 EG 含量调整为 10 wt% 时，S – PEdot/EG10 复合材料的厚度变为 167 nm，片层表面 S – PEdot 的脊状结构变得明显，且样品中无 S – PEdot 聚合物团簇出现。当 EG 含量调整为 14 wt% 时，S – PEdot/EG14 复合材料的厚度继续变小，S – PEdot 的脊状结构变得更加明显。SEM 表征结果与 TGA 测试结果相一致，通过改变 EG 的质量比可以调控 S – PEdot/EG 复合材料的厚度和形貌。

材料结构和形貌的变化会影响材料的比表面积，图 4 – 6 为 EG、S – PEdot 和 S – PEdot/EG 复合材料样品 N_2 吸附 – 脱附等温线图。表 4 – 1 中列出了材料对应的 S_{BET} 值。与 EG 和 S – PEdot 样品相比，S –

PEdot/EG 复合材料均展现了相对较高的 S_{BET} 值。这是由于 S - PEdot/EG 复合材料在 3D 的 EG 骨架上引入了脊状结构的 S - PEdot, 两者结构的有效结合,增加了复合材料的 S_{BET}。多级结构 S - PEdot/EG 复合材料相对较高的 S_{BET} 有利于电解液的渗入,加速了电解液离子和电子在 S - PEdot/EG 复合材料内的传递。如表 4 - 1 所示,SFA 掺杂 PEdot 的电导率为 72.3 S/cm,高于纯 PEdot 的电导率(< 50 S/cm)。这表明 AFS 掺杂剂的引入提高了 PEdot 分子结构的有序度和聚合物分子链上电子的离域作用,为电荷转移提供了一个快速的通道。研究表明,SFA 掺杂到聚合物分子链中可以提高聚合物的电导率和电化学性能。因此,PEdot 分子链中掺杂适当比例的 SFA 可以形成有序的分子结构,有利于电荷转移。S - PEdot/EG6、S - PEdot/EG10 和 S - PEdot/EG14 样品的电导率分别为:95.8 S/cm、104.2 S/cm 和 112.0 S/cm。S - PEdot/EG 复合材料的电导率随 EG 含量的增加而增大,这归因于 S - PEdot 和类石墨烯片层之间通过 π - π 共轭键的相互作用。不同 EG 质量比的 S - PEdot/EG 复合材料的结构特点影响了电子在 S - PEdot 和类石墨烯片间有机 - 无机两组分之间的相互传递。因此,S - PEdot/EG 复合材料优异的电导率可以使复合材料内部电子传递的壁垒最小化,从而优化复合材料中的电荷的储存和转移。

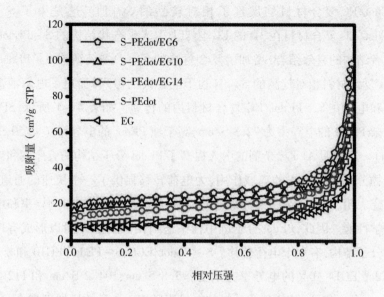

图 4 – 6　EG、S – PEdot/EG14、S – PEdot/EG10、S – PEdot/EG6 和
S – PEdot 样品的 N_2 吸附 – 脱附等温线图

表 4 – 1　EG、S – PEdot 和 S – PEdot/EG 样品的 S_{BET} 值和电导率

样品	$S_{BET}/(m^2 \cdot g^{-1})$	电导率/$(S \cdot cm^{-1})$
EG	26.3	434.8
S – PEdot	24.1	72.3
S – PEdot/EG6	33.2	95.8
S – PEdot/EG10	34.7	104.2
S – PEdot/EG14	37.5	112.0

　　采用 XPS 技术对本章所合成的 S – PEdot 和 S – PEdot/EG10 样品
的元素组成进行研究。如图 4 – 7(a)所示,S – PEdot 样品的 C1s 高分
辨 XPS 谱图由 3 个主要的特征峰组成,分别位于 284.5 eV、285.2 eV
和 286.3 eV,这些峰值分别与 C—C、C—S 和 C—O 的结合能相对应。

S - PEdot/EG10 样品 C1s 高分辨的 XPS 谱图(图 4 - 7b)中,与 EG 复合后 C—C 峰向高结合能方向略有偏移(284.6 eV)。这是由于 S - PEdot 和类石墨烯片层间的具有较强的相互作用,电子通过两者间形成的 $\pi - \pi$ 键从 S - PEdot 流向类石墨烯片,载流子密度增加。如图 4 - 7(c)所示,S - PEdot 样品的 S2p 高分辨 XPS 谱图可以分别拟合为 PEdot 和 SFA 上的 S 元素。在低结合能处,163.6 eV 和 164.7 eV 的特征峰归属于 PEdot 中 S 的自旋分裂双峰,分别为:$S2p_{3/2}$ 和 $S2p_{1/2}$,两者分裂能为 1.1 eV,面积比为 2∶1。在高结合能处,167.7 eV 的特征峰归属于掺杂组分 SFA 的 S 元素。由于 Edot 单体和 SFA 分子中都只含有一个 S 原子,因此 S—C 峰与 S—O 峰的峰面积比可以反映出复合材料中 Edot 单体和 SFA 掺杂剂的质量比。S - PEdot 样品的 S—C 与 S—O 的峰面积比为 2.13,这表明样品中 PEdot 和 SFA 的质量比约为 2∶1。图 4 - 7(d)中 S - PEdot/EG10 样品由于 EG 的引入,S—O 峰的强度相对变低,PEdot 和 SFA 的质量比约为 3∶1。样品的元素含量见表 4 - 2,S - PEdot 和 S - PEdot/EG10 样品中 C∶O 比分别为 3.25 和 4.35。S - PEdot/EG10 样品 C 元素含量的增加来自 EG,图 4 - 7(b,f)中 C—O 峰比例增加均说明了这一点。

表 4 - 2　S - PEdot 和 S - PEdot/EG10 样品的元素含量

样品	C1s/%	O1s/%	S2p/%
S - PEdot	69.94	21.50	8.56
S - PEdot/EG10	75.60	17.39	7.00

注:表中%为原子量百分比

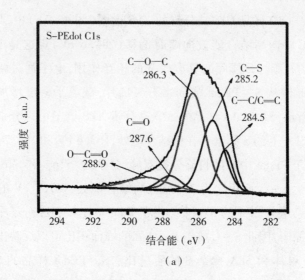

（a）

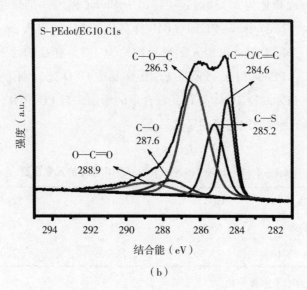

（b）

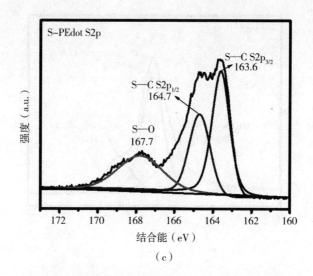

（c）

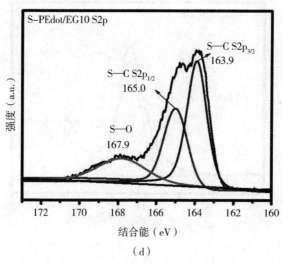

（d）

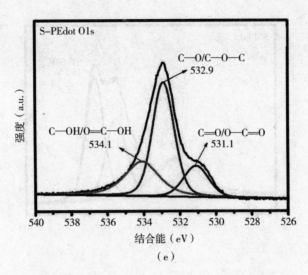

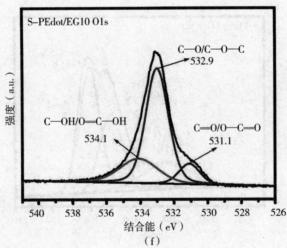

图 4 - 7　S - PEdot 和 S - PEdot/EG10 样品的 XPS 谱图：
(a)、(b) C1s 谱图；(c)、(d) S2p 谱图；(e)、(f) O1s 谱图

4.3.2　PEdot/EG 复合材料的形成机理研究

　　S - PEdot/EG 复合材料的合成过程如图 4 - 8(a) 所示，主要分为两步：

　　第一步,采用真空辅助插层的方法将 Edot 单体和 SFA 掺杂剂灌注到 EG 的 3D 结构内部。真空辅助产生的驱动力使混有 SFA 的 Edot 单体均匀地分散到 EG 骨架内部,并吸附在类石墨烯片层表面。

　　第二步,在氧化剂 APS 的作用下,Edot 单体沿 EG 骨架原位聚合生长,在类石墨烯片层表面形成均匀有序的包覆层。

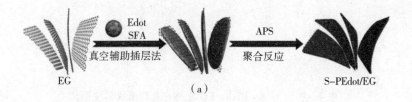

（a）

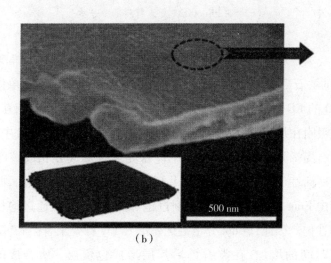

（b）

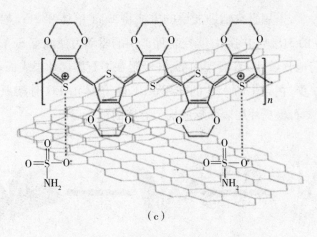

（c）

图4-8 （a）S-PEdot/EG复合材料的形成机理图，

（b）S-PEdot/EG复合材料的SEM图和结构示意图，

（c）S-PEdot/EG复合材料的分子式

结合本章对S-PEdot/EG复合材料的表征分析。我们推测Edot在EG的类石墨烯片层上的生长机理为：当混有SFA的Edot单体被灌入到3D的EG骨架中时，与类石墨烯片层上的活性官能团相互作用，紧紧地吸附在片层表面。当氧化剂加入到上述预聚物悬浮液中时，吸附在类石墨烯片层表面的Edot单体首先聚合形成异相成核的活性位。这些活性位降低了类石墨烯片层表面的界面势垒。然而，此时由于溶液中Edot单体浓度很难达到过饱和的状态，无法通过均相成核形成活性位。因此，PEdot分子链优先沿着EG骨架聚合生长，随着聚合反应时间的增加，在类石墨烯片层形成包覆层。所合成的S-PEdot/EG复合材料的形貌见图4-8（b），PEdot沿着垂直类石墨烯片层的方向在片层两侧均匀生长，样品中几乎没有堆积生长的团簇状PEdot。

在整个合成过程中，选择真空辅助插层法向固体EG中添加反应物起着重要的作用。该方法使Edot单体可以插层进入到EG结构的内部，在不使用表面活性剂的条件下，使PEdot均匀地包覆在EG的类石墨烯片层表面。掺杂是提高导电聚合物导电性的主要方法。图4-

8(c)为 S - PEdot/EG 复合材料的分子式。SFA 属于 P 型掺杂剂,掺杂在 PEdot 聚合物分子链的共轭结构中可以促进 PEdot 发生电荷的转移和氧化还原反应,并使 PEdot 在充放电过程中产生较高的赝电容。

4.3.3 PEdot/EG 复合材料的电容特性研究

由于具有独特的形貌和优异的电化学性能,3D 空间结构的碳基导电聚合物复合材料成为了最具潜力的超级电容器电极材料。本章在 1 M LiClO$_4$ 中性电解液中测试了 S - PEdot/EG 复合材料的电容发特性。图 4 - 9 为 EG、S - PEdot 和 S - PEdot/EG 电极的 Nyquist 图,插图为用耦合非线性薛定谔方程理论拟合的等效电路图。电路图中,R_{ct} 为电极和电解液界面间的电荷转移电阻;R_s 为材料电阻和接触电阻的总和;C_{dl} 为电解液与复合材料表面的双电层电容;C_{ps} 为 PEdot 氧化还原反应产生的赝电容。拟合得到的 R_{ct} 和 R_s 值见表 4 - 3。S - PEdot 电极在高频区出现一个较大的半弧,这表明材料具有较高的界面电荷转移电阻。这是由于 S - PEdot 材料电导率较低的原因。与 S - PEdot/EG6 和 S - PEdot/EG14 电极相比,S - PEdot/EG10 电极在高频区的半弧最小,拟合得到的 R_s 值为 0.414 2 Ω,这表明该电极具有较小的结构电阻以及更高的导电性;在低频区的直线更接近垂直于横坐标,表明该电极具有良好的电容特性。以上分析表明 S - PEdot/EG10 电极具有更优异的电容特性。

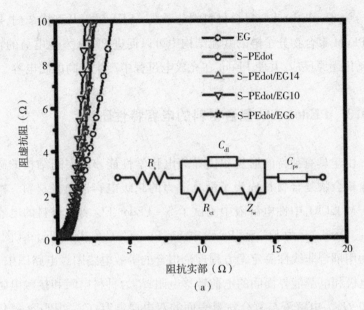

（a）

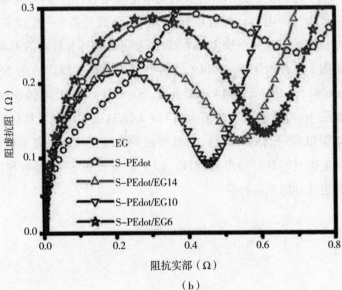

（b）

图 4 – 9 （a）EG、S – PEdot、S – PEdot/EG14、S – PEdot/EG10 和
S – PEdot/EG6 电极的 Nyquist 图,测试频率为 10 mHz ~ 100 kHz,
交流电振幅为 5 mV;插图为用于拟合的等效电路图
（b）为 Nyquist 图高频区的放大图

表 4 - 3 Nyquist 谱图基于 CNLS 方法拟合的 R_s 和 R_{ct} 值

样品	R_s	R_{ct}
EG	0.2065	4.044
PEdot	0.6716	5.572
PEdot/EG14	0.5968	4.316
PEdot/EG10	0.4142	3.021
PEdot/EG6	0.5018	3.635

图 4 - 10(a)为 EG、S - PEdot 和 S - PEdot/EG 电极在 10 mV/s 扫描速度下的 CV 曲线图。如图所示,尽管 EG 展现了优异的导电性,但孤立的类石墨烯片层阻碍了电荷的转移,使其具有很低的电容。S - PEdot 电极的 CV 曲线呈准矩形特征,这表明 S - PEdot 电极具有较好的电容特性。S - PEdot 材料的比电容主要来源于 PEdot 氧化还原反应产生的赝电容。电极比电容的大小与 CV 曲线内的面积成正比。S - PEdot/EG 电极 CV 曲线内的面积大于 EG 和 S - PEdot 电极,这表明 S - PEdot/EG 电极具有较高的比电容。这归因于 S - PEdot/EG 复合材料的 3D 多级结构,EG 骨架起到了结构支撑作用;类石墨烯片层起到了电子传输作用。将 EG 的引入 S - PEdot 结构中有效地增加了复合材料的 S_{BET},加速了电解液离子的扩散,为 PEdot 的氧化还原反应提供了更多的活性位。S - PEdot/EG10 样品中适量的 EG,使 PEdot 较高的电荷储存能力和 EG 的结构特点有效地结合。两者的协同作用可以使 PEdot 的赝电容最大程度的发挥。S - PEdot/EG10 电极在不同扫描速度下的 CV 测试结果如图 4 - 10(b)所示。CV 曲线的响应电流密度随扫描速率的增加而增加,且电流密度与扫描速率呈线性关系。这表明 S - PEdot/EG10 电极氧化/还原反应电流具有可逆稳定性和快速响应性。这是由于 S - PEdot/EG10 复合材料的多级结构缩短了电解液离子的扩散距离,因而更有利于 PEdot 氧化还原反应快速进行。

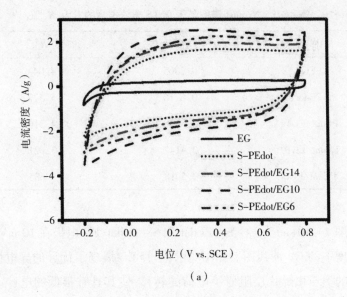

（a）

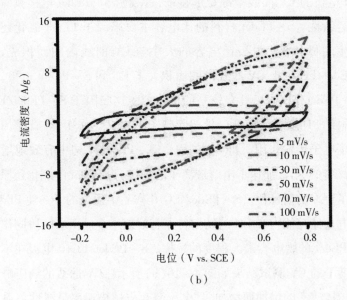

（b）

图 4-10　（a）EG、S-PEdot、S-PEdot/EG14、S-PEdot/EG10、

S-PEdot/EG6 电极的 CV 测试曲线，扫描速度：

10 mV/s，电位范围：-0.2～0.8 V；（b）S-PEdot/EG10

电极在不同扫描速度下的 CV 曲线图，扫描速度:5～100 mV/s

　　为了准确地测试电极的比电容,我们对 EG、S – PEdot 和 S – PE-dot/EG 电极进行 GCD 测试。如图 4 – 11 (a) 所示,所有的 GCD 曲线均呈准三角形的特征,这表明在电流密度为 1.0 A/g 时,电极在充放电过程中保持了良好的可逆性。通过计算得出 S – PEdot/EG6、S – PEdot/EG10 和 S – PEdot/EG14 电极的比电容分别为 128.1 F/g、139.6 F/g 和 135.2 F/g。与 CV 测试结果相对应,S – PEdot/EG 电极的比电容均高于 S – PEdot 电极 (114.5 F/g),这说明复合材料具有良好的电容特性。图 4 – 11(b) 为 EG、S – PEdot 和 S – PEdot/EG 电极的比电容随电流密度变化曲线,电流密度测试范围为 0.3 ~ 5.0 A/g。由图可知,S – PEdot/EG 电极均表现出较高的倍率特性。S – PEdot/EG10 电极在电流密度为 0.3 A/g 时的比电容为 145.5 F/g;当电流密度增加到 0.3 A/g 时,比电容下降了 6.8%。S – PEdot/EG10 电极较好的倍率特性,是由于复合材料的 3D 空间结构增大了电极和电解液的接触面积,从而增加了氧化还原反应的活性位,同时使充放电过程中电极液离子和电子传输的路径变短。与其他碳基 PEdot 复合材料相比,S – PEdot/EG10 复合材料在中性电解液中展现了较高的比电容。Minett 等人采用电化学聚合法合成的 PEdot – PSS/SWCNTs 材料在 1 M NaNO$_3$ 电解液中的比电容为 133 F/g。Han 等人制备的 PEdot/graphene 复合材料在 1 M KI 电解液中的比电容为 135 F/g。这说明 S – PEdot/EG10 电极具有较好的电容特性。

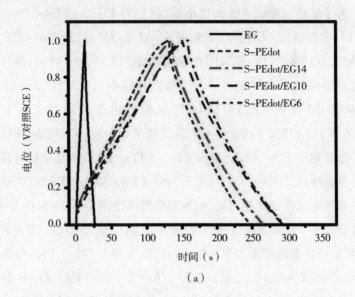

（a）

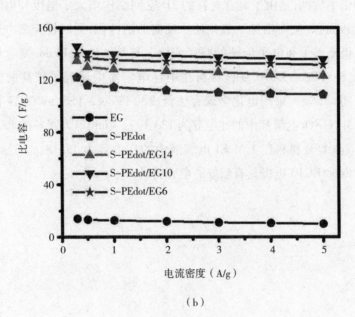

（b）

图 4-11 （a）EG、S-PEdot、S-PEdot/EG14、S-PEdot/EG10 和

S-PEdot/EG6 电极的 GCD 测试曲线,扫描速度:1.0 A/g;

（b）不同电极的比电容随电流密度变化曲线,电流密度:0.3~5.0 A/g

为了研究 SFA 掺杂剂对 S−PEdot/EG 复合材料电容特性的影响。我们合成了无 SFA 掺杂的 PEdot/EG10 作为对比样。如图 4−12(a) 所示,SFA 对 PEdot/EG10 复合材料的形貌没有影响。然而,由图 4−12 可知,PEdot/EG10 样品的电导率为 89.5 S/cm,小于 S−PEdot/EG10 样品的电导率 104.2 S/cm。这导致在相同的电流密度下(1.0 A/g) PEdot/EG10 电极的比电容(130.8 F/g)低于 S−PEdot/EG10 电极的比电容(139.6 F/g)。PEdot/EG10 样品较低的电导率限制了电解液离子和电子的传递,导致材料的比电容较低。对比研究表明,SFA 掺杂可以提高 PEdot/EG 复合材料的电导率,加快了电荷转移速率,从而有效提高复合材料的比电容。

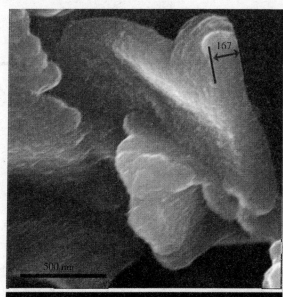

样品	PEdot/EG10	S−PEdot/EG10
电导率 (S·cm⁻¹)	59.5	104.2
比电容 (F·g⁻¹)	130.8	139.6

(a)

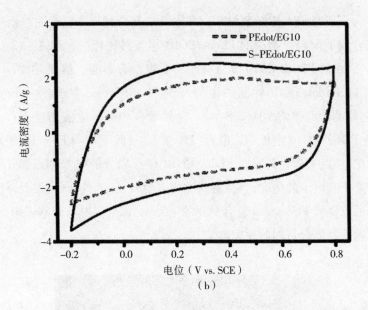

（b）

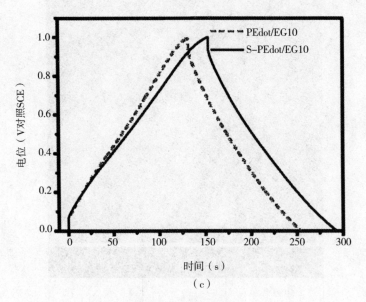

（c）

图 4 - 12　（a）PEdot/EG10 样品的 SEM 图；（b）PEdot/EG10 和
S - PEdot/EG10 电极的 CV 测试曲线，扫描速度：
10.0 mV/s，电位范围：- 0.2 ~ 0.8 V；（c）PEdot/EG10
和 S - PEdot/EG10 电极的 GCD 测试曲线，电流密度：1.0 A/g

值得注意的是在 GCD 测试曲线图 4 - 11(a) 中,S - PEdot 和 S - PEdot/EG 电极在放电过程中均出现一个较小的 IR 降。IR 降的产生是由于在放电开始的一瞬间,电子被电极的接触电阻迅速消耗掉而产生的。接触电阻包括 PEdot 与 EG 间的接触电阻,以及活性材料与集电器间的接触电阻。S - PEdot/EG 电极 GCD 曲线的 IR 降随着 EG 质量比的增加而变小。S - PEdot/EG 复合材料中 3D 空间结构的 EG 骨架具有很好的导电性,可以提高聚合物分子链上电子的离域作用,相当于一个相互连通的集电器。这种由类石墨烯片层组成的导电通路可以在高电流密度充放电过程中,减少电极能量和功率的损失。在电极充放电过程中,PEdot 产生赝电容的大小取决于氧化还原反应活性位的多少。S - PEdot/EG 复合材料由于具有这种 3D 的连通结构可以为 PEdot 的氧化还原反应提供大量的活性位,因而产生较高的赝电容。以上分析表明,EG 可以有效降低 PEdot 作为超级电容器电极材料在充放电过程中产生的 IR 降,提高材料的比电容。

为了验证 S - PEdot/EG10 电极材料在超级电容器中的实际应用,我们分别以 S - PEdot/EG10 和 S - PEdot 为电极,以 1 M LiClO$_4$ 为电解液,组装两电极对称超级电容器。图 4 - 13 为 S - PEdot/EG10 和 S - PEdot 超级电容器在不同扫描速度时的 CV 曲线。由图可知,CV 曲线展示出很好的对称性准矩形。随着扫描速度的增加,S - PEdot/EG10 超级电容器的 CV 曲线仍保持良好的形状;而 S - PEdot 超级电容器的 CV 曲线逐渐显示出扭曲的形状。这表明 S - PEdot/EG10 超级电容器具有更好的循环可逆性。图 4 - 14 为 S - PEdot/EG10 和 S - PEdot 超级电容器在不同电流密度时的 GCD 曲线。由图可知,S - PEdot/EG10 电容器的 GCD 曲线展示了轻微的扭曲的三角形状,这是由于 S - PEdot/EG10 电容器的比电容主要来自于 PEdot 通过氧化还原反应产生的赝电容。随着电流密度的增加,与 S - PEdot/EG10 电容器相比,S - PEdot 电容器上 IR 降明显增大,这是由于 S - PEdot/EG10 电极材料中适量的 EG 有效降低了电极的 IR 降。

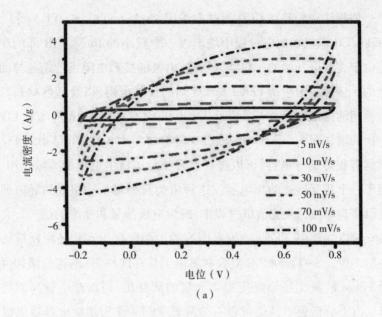

（a）

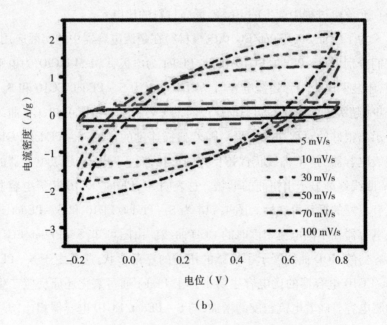

（b）

图 4 – 13　S – PEdot/EG10(a)和 S – PEdot(b)电极组装的电容器
在不同扫描速度时的 CV 曲线,扫描速度:5 ~ 100 mV/s

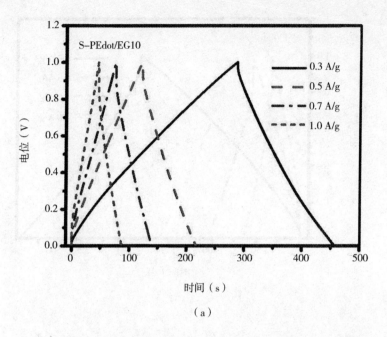

（a）

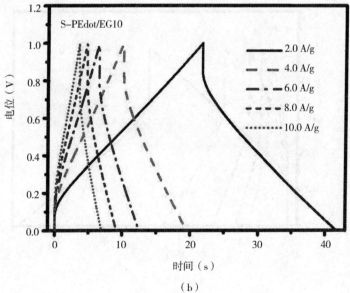

（b）

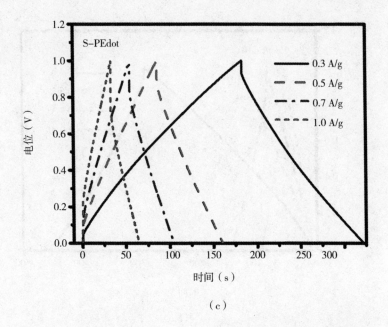

（c）

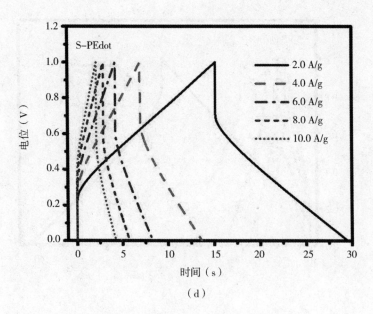

（d）

图 4 - 14　S - PEdot/EG10（a，b）和 S - PEdot（c，d）电极组装的超级电
容器在不同电流密度时的 GCD 曲线，电流密度:0.3 ~ 10.0 A/g

　　基于 S－PEdot/EG10 和 S－PEdot 超级电容器在不同电流密度时的 GCD 曲线,我们可以计算出超级电容器的比电容。如图 4－15(a)所示,在流密度为 1.0 A/g 时,S－PEdot/EG10 和 S－PEdot 超级电容器的比电容分别为 48.5 F/g 和 40.6 F/g。能量密度和功率密度是评价超级电容器性能的重要标准。如图 4－15(b)为 S－PEdot/EG10 和 S－PEdot 超级电容器的能量密度随功率密度的变化图。由图可知,在同样功率密度时,S－PEdot/EG10 与 S－PEdot 超级电容器相比具有较高的能量密度。随着功率密度的增加,S－PEdot/EG10 和 S－PEdot 超级电容器的能量密度均大幅度降低。值得注意的是,S－PEdot/EG10 超级电容器的能量密度降低的相对较慢。在较低的功率密度时(145 W/kg),S－PEdot/EG10 超级电容器的能量密度为 6.83 W·h/kg;在较高功率密度时(3 800 W/kg),其能量密度仍保持在 3.56 W·h/kg。均高于 S－PEdot 超级电容器。

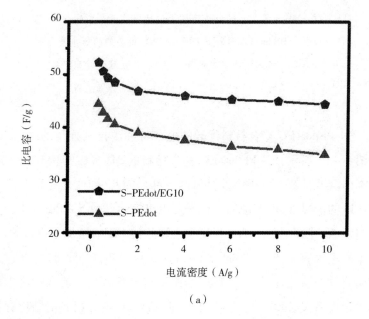

(a)

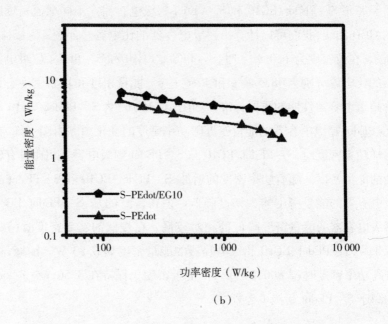

（b）

图 4 - 15　（a）S - PEdot/EG10 和 S - PEdot 电极组装的超级

电容器在不同电流密度下的比电容变化曲线；

（b）S - PEdot/EG10 和 S - PEdot 电极组装的超级电容器的

能量密度随功率密度的变化图，能量密度和功率密度

由在不同电流密度下的 GCD 曲线计算求得

　　S - PEdot/EG 复合材料优异的电容特性源自其独特的结构特点。如图 4 - 16 所示，S - PEdot/EG 复合材料的 3D 多级结构有利于离子从本体溶液扩散到电极活性材料的内部。因此，即使是在高电流密度充放电的情况下，电解液离子依然可以迅速地到达 S - PEdot/EG 复合材料表面。除此之外，纳米片层表面脊状的 PEdot 增加了材料的 S_{BET}，使电解液很容易渗入 PEdot 的内部。众所周知，PEdot 的赝电容产生于聚合物的氧化还原反应，反应的速度与电解液离子流入和流出聚合物的速度有关。EG 的质量比对 S - PEdot/EG 复合材料的结构有很大的影响。S - PEdot/EG6 复合材料的类石墨烯片层上 S - PEdot 包覆层较厚，电解液离子无法迅速渗透，不利于氧化还原反应的进行；且存在

堆积的 S – PEdot 团簇,降低了材料的 S_{BET},这使得 S – PEdot/EG6 的比电容较低。S – PEdot/EG14 复合材料虽然具有较高 S_{BET} 的和电导率,但是类石墨烯片层上 S – PEdot 包覆层太薄,由于赝电容的贡献有限,S – PEdot/EG14 复合材料的比电容也很低。因此,只有当类石墨烯片层包覆适当厚度的 S – PEdot 时,才能在 S – PEdot 和 EG 的协同作用下有效提高复合材料的电容特性。

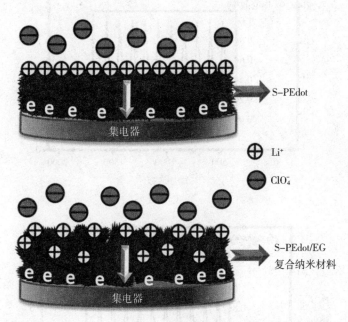

图 4 – 16　S – PEdot 和 S – PEdot/EG 电极充电状态的示意图

众所周知,导电聚合物作为超级电容器电极材料的循环稳定性较差,这限制了聚合物超级电容器的商业化。因此,我们测试了 S – PEdot/EG10 超级电容器在电流密度为 1.0 A/g 时的循环稳定性,并检测了 S – PEdot 超级电容器进行对比。如图 4 – 17(b)所示,2 000 次 GCD 循环后,S – PEdot 超级电容器的比电容为其初始比电容的 76.3%。然而,S – PEdot/EG10 超级电容器(图 4 – 17a)的比电容保持率为 88.9%,具有较高的电化学循环稳定性。这是由于 3D 的 EG 骨架对包覆在外的 PEdot 具有一定的支撑作用,在反复的充放电过程中

PEdot 分子链发生剧烈的体积变化,避免了聚合物分子结构的损坏。EG 作为导电聚合物复合材料的 3D 骨架,可以有效改善导电聚合物的电容特性,同时可以显著提高复合材料电化学循环稳定性。

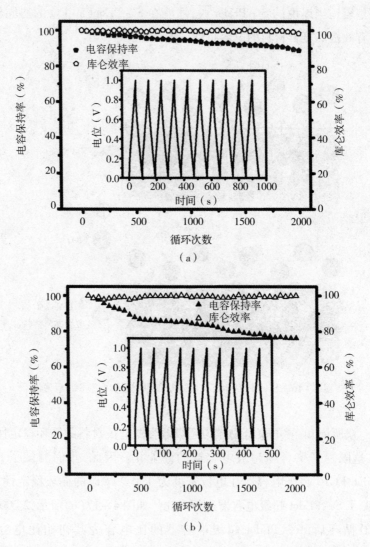

图 4 – 17　S – PEdot/EG10(a)和 S – PEdot(b)电容器的循环寿命图,
循环 2 000 次,电流密度为 1. 0 A/g;插图为最后 10 圈的 GCD 图

4.4　本章小结

（1）本章采用真空辅助原位氧化聚合法合成了具有 3D 多级结构的 S - PEdot/EG复合材料。在不用引入异相成核活性位的情况下,使 SFA 掺杂的 PEdot 均匀地包覆生长在 EG 的类石墨烯片层表面。

（2）作为超级电容器电极材料,S - PEdot/EG10 层间复合材料在中性电解液中表现出大的比电容、较高的倍率特性、高的能量密度和良好的循环稳定性等优异的电容特性。这主要归因于:EG 骨架具有很好的导电性,可以提高聚合物分子链上电子的离域作用,有利于电子快速传输,提高电极材料的倍率特性和循环稳定性;3D 的多级结构使电解液很容易渗入 PEdot 的内部,促进 PEdot 氧化还原反应的进行,产生较高的赝电容;PEdot 聚合物分子结构中的 SFA 反荷离子掺杂可以提高复合材料的电导率,提高比电容,产生较高的能量密度和功率密度。

参考文献

[1] J. Vatamanu, D. Bedrov. Capacitive Energy Storage: Current and Future Challenges[J]. J. Phys. Chem. Lett., 2015, 6(8): 3594 – 3609.

[2] P. Simon, Y. Gogotsi. Capacitive Energy Storage in Nanostructured Carbon-Electrolyte Systems[J]. Acc. Chem. Res., 2013, 46(5): 1094 – 1103.

[3] Y. Z. Zhang, Y. Wang, T. Cheng, et al. Flexible Supercapacitors Based on Paper Substrates: A New Paradigm for Low-Cost Energy Storage[J]. Chem. Soc. Rev., 2015, 44(15): 5181.

[4] Z. S. Wu, K. Parvez, X. L. Feng, et al. Graphene-based in-plane micro-supercapacitors with high power and energy densities[J]. Nat. Commun, 2013, 4: 2487.

[5] P. Simon, Y. Gogotsi. Materials for electrochemical capacitors[J]. Nat. Mater., 2008, 7(11): 845 – 854.

[6] P. Sharma, T. S. Bhatti. A review on electrochemical double-layer capacitors [J]. Energy Convers. Manage, 2010, 51 (12): 2901 – 2912.

[7] C. Zhong, Y. D. Deng, W. B. Hu, et al. A review of electrolyte

materials and compositions for electrochemical supercapacitors [J]. Chem. Soc. Rev. , 2015, 44(21): 7484 – 7539.

[8] Fr. Béguin, V. Presser, A. Balducci, et al. Carbons and Electrolytes for Advanced Supercapacitors [J]. Adv. Mater. , 2014, 26 (14): 2219 – 2251.

[9] J. R. Miller, P. Simon. Electrochemical capacitors for energy management[J]. Science, 2008, 321(5889): 651 – 652.

[10] H. D. Abruna, Y. Kiya, J. C. Henderson. Batteries and electrochemical capacitors[J]. Phys. Today, 2008, 61(12): 43 – 47.

[11] B. E. Conway, V. Birss, J. Wojtowicz. The role and utilization of pseudocapacitance for energy storage by supercapacitors [J]. J. Power Sources, 1997, 66(1): 1 – 14.

[12] D. P. Dubal, O. Ayyad, V. Ruiz, et al. Hybrid energy storage: the merging of battery and supercapacitor chemistries[J]. Chem. Soc. Rev. , 2015, 44(7): 1777 – 1790.

[13] K. Naoi. "Nanohybrid capacitor": The next generation electrochemical capacitors[J]. Fuel Cells, 2010, 10(5): 8254 – 8330.

[14] K. Naoi, S. Ishimoto, J. I. Miyamoto, et al. Second generation "nanohybrid supercapacitor": Evolution of capacitive energy storage devices[J]. Energy Environ. Sci. , 2012, 5(11): 9363 – 9373.

[15] H. S. Choi, C. R. Park. Theoretical guidelines to designing high performance energy storage device based on hybridization of lithium-ion battery and supercapacitor[J]. J. Power Sources, 2014, 259 (1): 1 – 14.

[16] S. Bose, T. Kuila, A. K. Mishra, et al. Carbon-based nanostructured materials and their composites as supercapacitor electrodes [J]. J. Mater. Chem. , 2012, 22(3): 767 –784.

[17] C. Liu, F. Li, L. P. Ma, et al. Advanced materials for energy storage[J]. Adv. Mater. , 2010, 22(8): E28 –E62.

[18] S. J. Zhang, J. Sun, X. C. Zhang, et al. Ionic liquid-based green processes for energy production[J]. Chem. Soc. Rev. , 2014, 43 (22): 7838 –869.

[19] M. V. Fedorov, A. A. Kornyshev. Ionic Liquids at Electrified Interfaces[J]. Chem. Rev. , 2014, 114(5): 2978 –3036.

[20] D. L. Boose. Electrolytic capacitor having carbon paste electrodes: U. S. 3536963[P]. 1970 –10 –27.

[21] B. E. Conway, W. G. Pell. Double-layer and pseudocapacitance types of electrochemical capacitors and their applications to the development of hybrid devices[J]. J. Solid State Electrochem, 2003, 7(9): 637 –644.

[22] T. B. Atwater, P. J. Cygan, F. C. Leung. Man portable power needs of the 21st century: I. Applications for the dismounted soldier. II. Enhanced capabilities through the use of hybrid power sources[J]. J. Power Sources, 2000, 91(1): 27 –36.

[23] K. Naoi, S. Ishimoto, J. Miyamoto, et al. Second generation 'nanohybrid supercapacitor': Evolution of capacitive energy storage devices[J]. Energy Environ. Sci. , 2012, 5(11): 9363 –9373.

[24] V. Augustyn, P. Simon, B. Dunn. Pseudocapacitive oxide materi-

als for high-rate electrochemical energy storage[J]. Energy Environ. Sci. , 2014, 7(5): 1597 – 1614.

[25] Y. Gogotsi, P. Simon. True performance metrics in electrochemical energy storage[J]. Science, 2011, 334(6058): 917 – 918.

[26] P. Gomez-Romero, O. Ayyad, J. Suarez-Guevara, et al. Hybrid organic-inorganic materials: from child's play to energy applications [J]. J. Solid State Electrochem, 2010, 14(11):1939 – 1945.

[27] Y. Zhang, H. Feng, X. B. Wu, et al. Progress of electrochemical capacitor electrode materials: A review[J]. Int. J. Hydrogen Energy, 2009, 34(11): 4889 – 4899.

[28] G. P. Wang, L. Zhang, J. J. Zhang. A review of electrode materials for electrochemical supercapacitors[J]. Chem. Soc. Rev. , 2012, 41(2): 797 – 828.

[29] K. Naoi, P. Simon. New materials and new configurations for advanced electrochemical capacitors[J]. Electrochem Soc. Interface, 2008, 17(1): 34 – 37.

[30] W. F. Wei, X. W. Cui, W. X. Chen, et al. Manganese oxide-based materials as electrochemical supercapacitor electrodes[J]. Chem. Soc. Rev. , 2011, 40(3): 1697 – 1721.

[31] W. Zhou, L. Guo. Iron triad (Fe, Co, Ni) nanomaterials: structural design, functionalization and their applications[J]. Chem. Soc. Rev. , 2015, 44(19): 6697 – 6707.

[32] X. Y. Chi, A. Y. S. Eng, A. Ambrosi, et al. Electrochemistry of nanostructured layered transition-metal dichalcogenides[J]. Chem.

Rev. , 2015, 115(21): 11941 – 11966.

[33] C. C. Hu, K. H. Chang, M. C. Lin. Design and tailoring of the nanotubular arrayed architecture of hydrous RuO_2 for next generation supercapacitors[J]. Nano Lett. , 2006, 6(12): 2690 – 2695.

[34] X. Zhao, B. M. Sánchez, P. J. Dobson, et al. The role of nano-materials in redox-based supercapacitors for next generation energy storage devices[J]. Nanoscale, 2011, 3(3): 839 – 855.

[35] L. Y. Yuan, X. H. Lu, X. Xiao, et al. Flexible Solid-State Supercapacitors Based on Carbon Nanoparticles/MnO_2 Nanorods Hybrid Structure[J]. ACS Nano, 2012, 6(1): 656 – 661.

[36] Z. S. Wu, W. C. Ren, D. W. Wang, et al. High-Energy MnO_2 Nanowire/Graphene and Graphene Asymmetric Electrochemical Capacitors[J]. ACS Nano, 2010, 4(10): 5835 – 5842.

[37] S. Chen, J. W. Zhu, X. D. Wu, et al. Graphene OxideMnO_2 Nanocomposites for Supercapacitors[J]. ACS Nano, 2010, 4(5): 2822 – 2830.

[38] C. Y. Xiong, T. H. Li, M. Khan, et al. A three-dimensional MnO_2/graphene hybrid as a binder-free supercapacitor electrode [J]. RSC Adv. , 2015, 5(104): 85613 – 85619.

[39] Y. Zhao, Y. N Meng, H. P. Wu, et al. In situ anchoring uniform MnO_2 nanosheets on three-dimensional macroporous graphene thin-films for supercapacitor electrodes[J]. RSC Adv. , 2015, 5(110): 90307 – 90312.

[40] Y. M. Sun, Z. Fang, C. X. Wang, et al. Sandwich-structured

nanohybrid paper based on controllable growth of nanostructured MnO_2 on ionic liquid functionalized graphene paper as a flexible supercapacitor electrode [J]. Nanoscale, 2015, 7 (17): 7790 – 7801.

[41] L. B. Ma, H. Zhou, X. P. Shen, et al. Facile synthesis of Co_3O_4 porous nanosheets/reduced graphene oxide composites and their excellent supercapacitor performance[J]. RSC Adv. , 2014, 4(95): 53180 – 53187.

[42] X. Zhang, Y. Q. Zhao, C. L. Xu. Surfactant dependent self-organization of Co_3O_4 nanowires on Ni foam for high performance supercapacitors: from nanowire microspheres to nanowire paddy fields [J]. Nanoscale, 2014, 6(7): 3638 – 3646.

[43] I. Shakir, Z. Ali, J. Bae, et al. Layer by layer assembly of ultrathin V_2O_5 anchored MWCNTs and graphene on textile fabrics for fabrication of high energy density flexible supercapacitor electrodes [J]. Nanoscale, 2014, 6(8): 4125 – 4130.

[44] S. K. Meher, P. Justin, G. R. Rao. Microwave-Mediated Synthesis for Improved Morphology and Pseudocapacitance Performance of Nickel Oxide [J]. ACS Appl. Mater. Interfaces, 2011, 3 (6): 2063 – 2073.

[45] L. Wang, H. M. Ji, S. S. Wang, et al. Preparation of Fe_3O_4 with high specific surface area and improved capacitance as a supercapacitor[J]. Nanoscale, 2013, 5(9): 3793 – 3799.

[46] E. Pardieu, S. Pronkin, M. Dolci, et al. Hybrid layer-by-layer

composites based on a conducting polyelectrolyte and Fe_3O_4 nanostructures grafted onto graphene for supercapacitor application[J]. J. Mater. Chem. A, 2015, 3(45): 22877 – 22885.

[47] Z. J. Su, C. Yang, B. H. Xie, et al. Scalable fabrication of MnO_2 nanostructure deposited on free-standing Ni nanocone arrays for ultrathin, flexible, high-performance microsupercapacitor[J]. Energy Environ. Sci. , 2014, 7(8): 2652 – 2659.

[48] S. D. Perera, B. Patel, J. Bonso, et al. Vanadium Oxide Nanotube Spherical Clusters Prepared on Carbon Fabrics for Energy Storage Applications[J]. ACS Appl. Mater. Interfaces, 2011, 3(11): 4512 – 4517.

[49] D. S. Achilleos, T. A. Hatton. Surface design and engineering of hierarchical hybrid nanostructures for asymmetric supercapacitors with improved electrochemical performance[J]. J. Colloid Interface Sci, 2015, 447: 282 – 301.

[50] Y. Zhao, B. R. Liu, L. J. Pan, et al. 3D nanostructured conductive polymer hydrogels for high-performance electrochemical devices [J]. Energy Environ. Sci. , 2013, 6(10): 2856 – 2870.

[51] Y. Shi, L. L. Peng, Y. Ding, et al. Nanostructured conductive polymers for advanced energy storage[J]. Chem. Soc. Rev. , 2015, 44(19): 6684 – 6696.

[52] K. Wang, H. P. Wu, Y. N. Meng, et al. Conducting Polymer Nanowire Arrays for High Performance Supercapacitors[J]. Small, 2014, 10(1): 14 – 31.

[53] Y. Q. Sun, G. Q. Shi. Graphene/Polymer Composites for Energy Applications[J]. J. Polym. Sci. Part B: Polym. Phys. , 2013, 51 (4): 231 –253.

[54] Y. Shi, G. H. Yu. Designing Hierarchically Nanostructured Conductive Polymer Gels for Electrochemical Energy Storage and Conversion[J]. Chem. Mater, 2016, 28(8): 2466 –2477.

[55] X. B. Yan, Z. X. Tai, J. T. Chen, et al. Fabrication of carbon nanofiber-polyaniline composite flexible paper for Supercapacitor [J]. Nanoscale, 2011, 3(1): 212 –216.

[56] H. H. Wang, E. W. Zhu, J. Z. Yang, et al. Bacterial Cellulose Nanofiber-Supported Polyaniline Nanocomposites with Flake-Shaped Morphology as Supercapacitor Electrodes[J]. J. Phys. Chem. C, 2012, 116(24): 13013 –13019.

[57] Q. Q. Zhang, Y. Li, Y. Y. Feng, et al. Electropolymerization of graphene oxide/polyaniline composite for high-performance supercapacitor[J]. Electrochim Acta, 2013, 90: 95 –100.

[58] Y. T. Tan, F. Ran, L. B. Kong, et al. Polyaniline nanoparticles grown on the surface of carbon microspheres aggregations for electrochemical supercapacitors [J]. Synthetic Metals, 2012, 162(1 – 2): 114 –118.

[59] X. Y. Lang, L. Zhang, T. Fujita, et al, Three-dimensional bicontinuous nanoporous Au/polyaniline hybrid films for high-performance electrochemical supercapacitors[J]. J. Power Sources,2012, 197: 325 –329.

[60] Y. L. Yin, C. H. Liu, S. S. Fan. J. Well-Constructed CNT Mesh/PANI Nanoporous Electrode and Its Thickness Effect on the Supercapacitor Properties[J]. Phys. Chem. C, 2012, 116(50): 26185 – 26189.

[61] K. Wang , H. P. Wu , Y. N. Meng , et al. Integrated energy storage and electrochromic function in one flexible device: an energy storage smart window [J]. Energy Environ. Sci. 2012, 5(8): 8384 – 8389.

[62] M. Li, L. L. Yang, Y. Q. Zhang. Hierarchical structure of hollow thorn-like polypyrrole microtubes with enhanced electrochemical performance[J]. RSC Adv. , 2015, 5(2): 1191 – 1197.

[63] S. Chabi, C. Peng, Z. X. Yang, et al. Three dimensional (3D) flexible graphene foam/polypyrrole composite: towards highly efficient supercapacitors[J]. RSC Adv. , 2015, 5(6): 3999 – 4008.

[64] D. C. Zhang, X. Zhang, Y. Chen, et al. Enhanced capacitance and rate capability of graphene/polypyrrole composite as electrode material for supercapacitors [J]. J. Power Sources, 2011, 196 (14): 5990 – 5996.

[65] T. Qian, X. Zhou, C. F. Yu, et al. Highly dispersed carbon nanotube/polypyrrole core/shell composites with improved electrochemical capacitive performance [J]. J. Mater. Chem. A, 2013, 1 (48): 15230 – 15234.

[66] Z. Zhang, G. M. Chen, H. F. Wang, et al. Enhanced thermoelectric property by the construction of a nanocomposite 3D intercon-

nected architecture consisting of graphene nanolayers sandwiched by polypyrrole nanowires [J]. J. Mater. Chem. C, 2015, 3 (8): 1649 – 1654.

[67] W. J. Ji, J. Y. Ji, X. H. Cui, et al. Polypyrrole encapsulation on flower-like porous NiO for advanced high-performance supercapacitors[J]. Chem. Commun, 2015, 51(36): 7669 – 7672.

[68] J. Y. Huang, K. Wang, Z. X. Wei. Conducting polymer nanowire arrays with enhanced electrochemical performance[J]. J. Mater. Chem., 2010, 20(6): 1117 – 1121.

[69] B. Anothumakkool, R. Soni, S. N. Bhange, et al. Novel scalable synthesis of highly conducting and robust PEDOT paper for a high performance flexible solid supercapacitor [J]. Energy Environ. Sci., 2015, 8(4): 1339 – 1347.

[70] Y. T. Weng, N. L. Wu. High-performance poly(3,4 – ethylenedioxythiophene): polystyrenesulfonate conducting-polymer supercapacitor containing hetero-dimensional carbon additives[J]. J. Power Sources, 2013, 238: 69 – 73.

[71] L. S. Fan, N. Q. Zhang, K. N. Sun. Flexible patterned microelectrochemical capacitors based on PEDOT[J]. Chem. Commun, 2014, 50(51): 6789 – 6792.

[72] Z. N. Yu, C. Li, D. Abbitt, et al. Flexible, sandwich-like Ag – nanowire/ PEDOT:PSS nanopillar/MnO_2 high performance supercapacitors[J]. J. Mater. Chem. A, 2014, 2(28): 10923 – 10929.

[73] J. Wang, Z. C. Wu, H. B. Yin, et al. Poly(3,4 – ethylenedioxy-

thiophene)/ MoS$_2$ nanocomposites with enhanced electrochemical capacitance performance[J]. RSC Adv. , 2014, 4(100): 56926 – 56932.

[74] J. Chen, C. Y. Jia, Z. Q. Wan. The preparation and electrochemical properties of MnO$_2$/poly(3,4 – ethylenedioxythiophene)/multi-walled carbon nanotubes hybrid nanocomposite and its application in a novel flexible micro-supercapacitor [J]. Electrochim. Acta, 2014, 121: 49 – 56.

[75] M. Culebras, C. M. Gómez, A. Cantarero. Enhanced thermoelectric performance of PEDOT with different counter-ions optimized by chemical reduction [J]. J. Mater. Chem. A, 2014, 2(26): 10109 – 10115.

[76] Y. H. Han, M. X. Shen, Y. Wu, et al. Preparation and electrochemical performances of PEDOT/sulfonic acid-functionalized graphene composite hydrogel [J]. Synthetic Met. , 2013, 172: 21 – 27.

[77] N. Kurra, J. Park, H. N. Alshareef. A conducting polymer nucleation scheme for efficient solid-state supercapacitors on paper[J]. J. Mater. Chem. A, 2014, 2(40): 17058 – 17065.

[78] L. L. Zhang, X. S. Zhao. Carbon-based materials as supercapacitor electrodes[J]. Chem. Soc. Rev. , 2009, 38(9): 2520 – 2531.

[79] R. T. Lv, E. Cruz – Silva, M. Terrones. Building Complex Hybrid Carbon Architectures by Covalent Interconnections Graphene Nanotube Hybrids and More [J]. ACS Nano, 2014, 8 (5):

4061 – 4069.

[80] Z. Li, Z. Liu, H. Y. Sun, et al. Superstructured Assembly of Nanocarbons: Fullerenes, Nanotubes, and Graphene [J]. Chem. Rev. 2015, 115(15): 7046 – 7117.

[81] H. Zhang. Ultrathin Two-Dimensional Nanomaterials [J]. ACS Nano, 2015, 9(10): 9451 – 9469.

[82] S. Nardecchia, D. Carriazo, M. L. Ferrer, et al. Three dimensional macroporous architectures and aerogels built of carbon nanotubes and/or graphene: synthesis and applications [J]. Chem. Soc. Rev., 2013, 42(2): 794 – 830.

[83] S. M. Jung, D. L. Mafra, C. T. Lin, et al. Controlled porous structures of graphene aerogels and their effect on supercapacitor performance [J]. Nanoscale, 2015, 7(10): 4386 – 4393.

[84] Z. B. Yang, J. Ren, Z. T. Zhang, et al. Recent Advancement of Nanostructured Carbon for Energy Applications [J]. Chem. Rev., 2015, 115(11): 5159 – 5223.

[85] Y. Wang, Z. Q. Shi, Y. Huang, et al. Supercapacitor devices based on graphene materials [J]. J. Phys. Chem. C, 2009, 113(30): 13103 – 13107.

[86] L. Zhang, F. Zhang, X. Yang, et al. Porous 3D graphene-based bulk materials with exceptional high surface area and excellent conductivity for supercapacitors [J]. Sci. Rep., 2013, 3: 1408 – 1417.

[87] C. Li, G. Shi. Three-dimensional graphene architectures [J].

Nanoscale, 2012, 4(18): 5549 – 5563.

[88] Y. L. Shao, M. F. El – Kady, L. J. Wang, et al. Graphene-based materials for flexible supercapacitors[J]. Chem. Soc. Rev. , 2015, 44(11): 3639 – 3665.

[89] X. Huang, X. Y. Qi, F. Boey, et al. Graphene-based composites [J]. Chem. Soc. Rev. , 2012, 41(2): 666 – 686.

[90] W. K. Chee, H. N. Lim, Z. Zainal, et al. Flexible Graphene-Based Supercapacitors: A Review[J]. J. Phys. Chem. C, 2016, 120(8): 4153 – 4172.

[91] Z. Niu, J. Chen, H. H. Hng, et al. A Leavening Strategy to Prepare Reduced Graphene Oxide Foams[J]. Adv. Mater. , 2012, 24 (3): 4144 – 4150.

[92] B. G. Choi, J. Hong, W. H. Hong, et al. Facilitated Ion Transport in All-Solid-State Flexible Supercapacitors[J]. ACS Nano, 2011, 5(9): 7205 – 7213.

[93] B. L. Su, C. Sanchez, X. Y. Yang. Hierarchically Structured-Porous Materials [M]. Weinheim: Wiley – VCH Verlag & Co. , 2011.

[94] A. B. Fuertes, M. Sevilla. Hierarchical Microporous/Mesoporous Carbon Nanosheets for High-Performance Supercapacitors[J]. ACS Appl. Mater. Interfaces, 2015, 7(7): 4344 – 4353.

[95] A. Choudhury, J. H. Kim, S. S. Mahapatra, et al. Nitrogen-Enriched Porous Carbon Nanofiber Mat as Efficient Flexible Electrode Material for Supercapacitors[J]. ACS Sustainable Chem. Eng. ,

2017, 5(3):2109 – 2118.

[96] H. L. Wang, H. J. Dai. Strongly coupled inorganic-nano-carbon hybrid materials for energy storage[J]. Chem. Soc. Rev. ,2013, 42 (7): 3088 – 3113.

[97] T. Lee, S. H. Min, M. Gu, et al. Layer-by-Layer Assembly for Graphene – Based Multilayer Nanocomposites: Synthesis and Applications[J]. Chem. Mater. , 2015, 27(11): 3785 – 3796.

[98] J. Xu, X. F. Wang, X. W. Wang, et al. Three-Dimensional Structural Engineering for Energy-Storage Devices: From Microscope to Macroscope[J]. ChemElectroChem, 2014, 1(6): 975 – 1002.

[99] T. Lee, T. Yun, B. Park, et al. Hybrid multilayer thin film supercapacitor of graphene nanosheets with polyaniline: importance of establishing intimate electronic contact through nanoscale blending [J]. J. Mater. Chem. , 2012, 22(39): 21092 – 21099.

[100] G. H. Kim, D. H. Hwang, S. I. Woo. Thermoelectric properties of nanocomposite thin films prepared with poly(3,4 – ethylenedioxythiophene) poly(styrenesulfonate) and graphene[J]. Phys. Chem. Chem. Phys. , 2012, 14(10): 3530 – 3536.

[101] Q. Wu, Y. X. Xu, Z. Y. Yao, et al. Supercapacitors Based on Flexible Graphene/Polyaniline Nanofiber Composite Films[J]. ACS Nano, 2010, 4(4): 1963 – 1970.

[102] X. J. Lu, H. Dou, C. Z. Yuan, et al. Polypyrrole/carbon nanotube nanocomposite enhanced the electrochemical capacitance of flexible graphene film for supercapacitors[J]. J. Power Sources,

2012, 197: 319 – 324.

[103] Z. Gao, W. L. Yang, J. Wang, et al. A New Partially Reduced Graphene Oxide Nanosheet/Polyaniline Nanowafer Hybrid as Supercapacitor Electrode Material[J]. Energy Fuels, 2013, 27(1): 568 – 575.

[104] H. L. Wang, Q. L. Hao, X. J. Yang, et al. A nanostructured graphene/polyaniline hybrid material for supercapacitors [J]. Nanoscale, 2010, 2(10): 2164 – 2170.

[105] H. Li, M. Q. Sun, T. Zhang, et al. Improving the performance of PEDOT – PSS coated sulfur@ activated porous graphene composite cathodes for lithium-sulfur batteries[J]. J. Mater. Chem. A, 2014, 2(43): 18345 – 18352.

[106] J. T. Zhang, X. S. Zhao. Conducting Polymers Directly Coated on Reduced Graphene Oxide Sheets as High-Performance Supercapacitor Electrodes[J]. J. Phys. Chem. C 2012, 116(9): 5420 – 5426.

[107] Z. P. Zhou, X. F. Wu, H. Q. Hou. Electrospun carbon nanofibers surface-grown with carbon nanotubes and polyaniline for use as highperformance electrode materials of supercapacitors[J]. RSC Adv. , 2014, 4(45): 23622 – 23629.

[108] X. B. Zang, X. Li, M. Zhu, et al. Graphene/polyaniline woven fabric composite films as flexible supercapacitor electrodes [J]. Nanoscale, 2015, 7(16): 7318 – 7322.

[109] Q. Q. Zhang, Y. Li, Y. Y. Feng, et al. Electropolymerization of

graphene oxide/polyaniline composite for high-performance superca-pacitor[J]. Electrochim. Acta, 2013, 90: 95 – 100.

[110] F. Huang, D. Chen. Towards the upper bound of electrochemical performance of ACNT@ polyaniline arrays as supercapacitors[J]. Energy Environ. Sci. , 2012, 5(2): 5833 – 5841.

[111] C. Y. Yang, J. L. Shen, C. Y. Wang, et al. All-solid-state asymmetric supercapacitor based on reduced graphene oxide/carbon nanotube and carbon fiber paper/polypyrrole electrodes[J]. J. Ma-ter. Chem. A, 2014, 2(5): 1458 – 1464.

[112] H. P. Cong, X. C. Ren, P. Wang, et al. Flexible graphene-polyaniline composite paper for high-performance supercapacitor [J]. Energy Environ. Sci. , 2013, 6(4): 1185 – 1191.

[113] Z. Q. Niu, P. S. Luan, Q. Shao, et al. A"skeleton/skin"strate-gy for preparing ultrathin free-standing single-walled carbon nano-tube/polyaniline films for high performance supercapacitor elec-trodes[J]. Energy Environ. Sci. , 2012, 5(9): 8726 – 8733.

[114] C. Z. Zhu, J. F. Zhai, D. Wen, et al. Graphene oxide/polypyr-role nanocomposites: one-step electrochemical doping, coating and synergistic effect for energy storage[J]. J. Mater. Chem. , 2012, 22(13): 6300 – 6306.

[115] Y. W. Zhu, S. Murali, M. D. Stoller, et al. Carbon-Based Su-percapacitors Produced by Activation of Graphene [J]. Science, 2011,332(6037): 1537 – 1541.

[116] X. W. Wang,G. Z. Sun, P. Routh,et al. Heteroatom-doped gra-

phene materials: syntheses, properties and applications[J]. Chem. Soc. Rev., 2014, 43(20): 7067 – 7098.

[117] R. T. Lv, M. Terrones. Towards new graphene materials: Doped graphene sheets and nanoribbons[J]. Mater. Lett., 2012, 78: 209 – 218.

[118] U. N. Maiti, W. J. Lee, J. M. Lee, et al. Chemically Modified/Doped Carbon Nanotubes & Graphene for Optimized Nanostructures &Nanodevices [J]. Adv. Mater., 2014, 26 (1): 40 – 67.

[119] X. K. Kong, C. L. Chen, Q. W. Chen. Doped graphene for metal-free catalysis[J]. Chem. Soc. Rev., 2014, 43(8): 2841 – 2857.

[120] D. W. Wang, D. S. Su. Heterogeneous nanocarbon materials for oxygen reduction reaction [J]. Energy Environ. Sci., 2014, 7 (2): 576 – 591.

[121] L. F. Lai, J. R. Potts, D. Zhan, et al. Exploration of the active center structure of nitrogen-doped graphene-based catalysts for oxygen reduction reaction[J]. Energy Environ. Sci., 2012, 5(7): 7936 – 7942.

[122] Z. S. Wu, A. Winter, L. Chen, et al. Three-Dimensional Nitrogen and Boron Co – doped Graphene for High-Performance All-Solid-State Supercapacitors [J]. Adv. Mater., 2012, 24 (37): 5130 – 5135.

[123] L. F. Lai, H. P. Yang, L. Wang, et al. Preparation of Superca-

pacitor Electrodes through Selection of Graphene Surface Function-alities[J]. ACS Nano, 2012, 6(7): 5941 –5951.

[124] V. Gupta, N. Miura. Polyaniline/single-wall carbon nanotube (PANI/SWCNT) composites for high performance supercapacitors [J]. Electrochim. Acta, 2006, 52(4): 1721 –1726.

[125] B. Mu, P. Liu, A. Q. Wang. Synthesis of polyaniline/carbon black hybrid hollow microspheres by layer-by-layer assembly used as electrode materials for supercapacitors[J]. Electrochim. Acta, 2013, 88: 177 –183.

[126] Q. Cheng, J. Tang, J. Ma, et al. Polyaniline-Coated Electro-Etched Carbon Fiber Cloth Electrodes for Supercapacitors[J]. J. Phys. Chem. C, 2011, 115(47): 23584 –23590.

[127] L. X. Li, G. Y. Li, B. G. An. Synthesis of a DWNTs/PAni composite and its supercapacitive behavior compared to the SWNTs/PAni and MWNTs/PAni composites [J]. RSC Adv., 2014, 4 (19): 9756 –9761.

[128] K. Pal, V. Panwar, S. Bag, et al. Graphene oxide-polyaniline-polypyrrole nanocomposite for a supercapacitor electrode[J]. RSC Adv., 2015, 5(4): 3005 –3010.

[129] Y. Z. Li, X. Zhao, P. P. Yu, et al. Oriented Arrays of Polyaniline Nanorods Grown on Graphite Nanosheets for an Electrochemical Supercapacitor[J]. Langmuir, 2013, 29(1): 493 –500.

[130] J. Zhang, L. B. Kong, J. J. Cai, et al. Nano-composite of polypyrrole/modified mesoporous carbon for electrochemical capacitor

application[J]. Electrochim. Acta, 2010, 55(27): 8067 – 8073.

[131] W. Sun, X. Y. Chen. Preparation and characterization of poly-pyrrole films for three-dimensional micro supercapacitor[J]. J. Power Sources, 2009, 193(2): 924 – 929.

[132] C. Y. Niu, B. F. Zou, Y. Q. Wang, et al. The template-assis-ted synthesis of polypyrrole hollow microspheres with a double-shelled structure [J]. Chem. Commun, 2015, 51 (24): 5009 – 5012.

[133] D. P. Dubal, S. H. Lee, J. G. Kim, et al. Porous polypyrrole clusters prepared by electropolymerization for a high performance supercapacitor [J]. J. Mater. Chem., 2012, 22 (7): 3044 – 3052.

[134] P. Tammela, Z. H. Wang, S. Frykstrand, et al. Sintorn, L. Ny-holm, M, Strømme. Asymmetric supercapacitors based on carbon nanofibre and polypyrrole/nanocellulose composite electrodes[J]. RSC Adv. , 2015, 5(21): 16405 – 16413.

[135] L. Mao, H. S. O. Chan, J. S. Wu. Cetyltrimethylammonium bromide intercalated graphene/polypyrrole nanowire composites for high performance supercapacitor electrode [J]. RSC Advances, 2012, 2(28): 10610 – 10617.

[136] J. K. Gan, Y. S. Lim, A. Pandikumar, et al. Graphene/poly-pyrrole-coated carbon nanofiber core-shell architecture electrode for electrochemical capacitors [J]. RSC Adv., 2015, 5 (17): 12692 – 12699.

[137] T. Qian, C. F. Yu, S. S. Wu, et al. A facilely prepared poly-pyrrole-reduced graphene oxide composite with a crumpled surface for high performance supercapacitor electrodes [J]. J. Mater. Chem. A, 2013, 1(22): 6539 –6542.

[138] A. D. Adhikari, R. Oraon, S. K. Tiwari, et al. Effect of waste cellulose fibres on the charge storage capacity of polypyrrole and graphene/polypyrrole electrodes for supercapacitor application[J]. RSC Adv., 2015, 5(35): 27347 –27355.

[139] J. R. Moreno, E. N. Astorga, E. A. Dalchiele, et al. Vertically aligned ZnO@ CuS@ PEDOT core@ shell nanorod arrays decorated with MnO_2 nanoparticles for a high-performance and semi-transparent supercapacitor electrode[J]. Chem. Commun, 2014, 50(42): 5652 –5655.

[140] M. S. A. S. Shah, S. Muhammad, J. H. Park, et al. Incorporation of PEDOT: PSS into SnO_2/reduced graphene oxide nanocomposite anodes for lithium ion batteries to achieve ultra-high capacity and cyclic stability [J]. RSC Adv., 2015, 5(18): 13964 –13971.

[141] F. Alvia, M. K. Ramc, P. A. Basnayakab, et al. Graphene-polyethylenedioxythiophene conducting polymer nanocomposite based supercapacitor [J]. Electrochim. Acta, 2011, 56(25): 9406 –9412.

[142] G. P. Pandey, A. C. Rastogia. Synthesis and characterization of pulsed polymerized poly(3,4 – ethylenedioxythiophene) electrodes

for high-performance electrochemical capacitors[J]. Electrochim. Acta, 2013, 87: 158 – 168.

[143] K. L. Xu, G. M. Chen, Dong Qiu. Convenient construction of poly(3,4 – ethylenedioxythiophene)-graphene pie-like structure with enhanced thermoelectric performance[J]. J. Mater. Chem. A, 2013, 1(40): 12395 – 12399.

[144] M. Ghaffari, S. Kosolwattana, Y. Zhou, et al. Hybrid supercapacitor materials frompoly(3,4 – ethylenedioxythiophene) conformally coated alignedcarbon nanotubes[J]. Electrochim. Acta, 2013, 112: 522 – 528.

[145] B. N. Reddy, M. Deepa, A. G. Joshi. Highly conductive poly(3,4 – ethylenedioxypyrrole) and poly(3,4 – ethylenedioxythiophene) enwrapped Sb_2S_3 nanorods for flexible supercapacitors[J]. Phys. Chem. Chem. Phys., 2014, 16(5): 2062 – 2071.

[146] D. Yoo, J. Kim, S. H. Lee, et al. Effects of one-and two-dimensional carbon hybridization of PEDOT: PSS on the power factor of polymer thermoelectric energy conversion devices[J]. J. Mater. Chem. A, 2015, 3(12): 6526 – 6533.

附　　录

附录 I 试剂及来源

名称	纯度	生产厂家
可膨胀石墨	325 目	黑龙江省顺鑫石墨有限公司
过硫酸铵	分析纯	国药集团化学试剂有限公司
苯胺	分析纯	国药集团化学试剂有限公司
吡咯	分析纯	国药集团化学试剂有限公司
3,4 – 乙撑二氧噻吩	分析纯	国药集团化学试剂有限公司
氨基磺酸	分析纯	上海国药集团试剂有限公司
十六烷基三甲基溴化铵	分析纯	天津市化学试剂三厂
氯化钾	分析纯	天津市津东天正精细化学试剂厂
高氯酸锂	分析纯	天津市科密欧化学试剂有限公司
氢氧化钾	分析纯	天津市科密欧化学试剂有限公司
浓硫酸	分析纯	西陇化工股份有限公司
浓盐酸	分析纯	天津市科密欧化学试剂有限公司
无水乙醇	分析纯	天津市科密欧化学试剂有限公司
丙酮	分析纯	天津市科密欧化学试剂有限公司
N – 甲基吡咯烷酮	分析纯	天津市光复精细化工研究所
炭黑		卡博特化工(天津)有限公司
聚偏氟乙烯		美国苏威公司

附录 II　实验仪器及设备

仪器与设备	型号	生产厂家
电子分析天平	ZF – 10B 型	上海市方正电子电器有限公司
超声波清洗器	KQ – 250B	昆山市超声仪器有限公司
集热式磁力搅拌器	DF – 101Z	郑州长城科工贸有限公司
循环水式多用真空泵	SHB – IV	郑州长城科工贸有限公司
电热鼓风干燥箱	DL – 101 – 2	天津中环实验电炉有限公司
抽真空干燥箱	DZF – 6050	上海市一恒科技有限公司
程序升温温度控制器	CKW – 2200	北京市朝阳自动化仪表厂
管式电阻炉	SK – 3 – 9K	天津市华北实验仪器有限公司

附录Ⅲ　材料表征方法及测试条件

傅立叶变换红外光谱(Fourier Translation Infrared spectroscopy, FT – IR)。本书所使用的 FT – IR 仪器的型号为:Nicolet iS 10。分辨率为:0.5 cm^{-1},扫描区间为:400~4 000 cm^{-1},扫描次数为:5 次。

拉曼光谱(Raman spectra, Raman)。本书所使用的 Raman 仪器为:Jobin Yvon HR 800 型激光共聚焦显微拉曼光谱仪。该仪器使用的激光器为:氩离子激光器,其激发波长为:457.9 nm,测试功率为:20 mW。

X 射线衍射仪(X – Ray Diffraction, XRD)。本书所使用的 XRD 仪器为:D/max – BⅢ型 X 射线多晶衍射仪。测试条件为:Cu – Kα ($\lambda = 1.540\ 6$ Å),管电压为:40 kV,管电流为:20 mA,扫描速度为:8°/min。小角 X 射线散射(X – ray Scattering Small Angle, SAXS),主要用于测定尺寸为 1~1 000 nm 之间的结构特征,适合于纳米尺度微观结构的研究。本书所使用的 SAXS 仪器型号与上述 XRD 仪器型号相同。

X 射线光电子能谱(X – ray Photoelectron Spectroscopy, XPS)。本书所使用的 XPS 仪器为:AXIS ULTRA DLD 型 X 射线光电子能谱仪。射线源为:单色 Al – Kα 射线(能量 1 486.4 eV),真空度为:5 × 10^{-7} Pa。

热重分析(Thermo – Gravimetric Analysis, TGA)。本书所使用的 TGA 仪器为:TA – SDTQ 600 型热重分析仪。温度范围为:30 ℃ ~ 800 ℃,升温速率为:10 ℃/min。

N_2吸附 – 脱附等温线的测定,主要用于研究吸附现象以及材料的表面与孔。本书所使用的 N_2吸附 – 脱附等温线测定仪器的型号为: TriStar Ⅱ 3020 型。

扫描电子显微镜(Scanning Electron Microscope, SEM)。本书所使用的 SEM 仪器型号为:HITACHI S – 4800 型,测试的加速电压为: 5 kV。

透射电子显微镜(Transmission Electron Microscope, TEM)。本书所使用的 TEM 仪器型号为:JEM – 2100 型,加速电压为: 200 kV。

原子力显微镜(Atomic Force Microscope, AFM)。本书所使用的 AFM 仪器型号为:5100 ALP 型。测试使用的硅悬臂力常数为:20 N/ m,测试基底为:单晶硅片。

附录Ⅳ 电容特性测试方法及条件

循环伏安法(Cyclic Voltammetry，CV)是通过控制电极电势以不同的扫描速率，随时间以三角波形进行一次或多次反复扫描的方法。其原理为：不同的电势范围内电极交替发生不同类型的还原和氧化反应，并记录电流随电势变化曲线。通过观察 CV 曲线，可以判断电极表面微观的电化学行为及反应的可逆程度。本书的 CV 测试所使用的电化学工作站型号为：CHI 660D 型。

恒电流充放电法(Galvanostatic Charge – Discharge，GCD)是在恒定电流下，对电极进行充电和放电实验，测试电极电位随着时间的变化的曲线。通过 GCD 曲线可以计算材料的比电容。其主要用于研究电极的充放电性能。本书 GCD 测试所使用的电化学工作站型号为：CHI 660D 型。

电化学阻抗谱(Electrochemical Impedance Spectroscopy，EIS) 是以小振幅的正弦波电位为扰动信号，测量电极交流电势与电流信号的比值随着正弦波频率的变化的。主要用于分析电极电化学反应电阻和电极动力学过程等。本书 EIS 测试所使用的电化学工作站型号为：IM6e 型。测试是在开路电压下进行的，交流电压振幅为：10 mV，频率范围为：10 mHz ~ 100 kHz。

本书采用三电极体系测试材料的电容特性。工作电极：电极材料配比为：

$$电极活性物质：PVDF = 90：10$$

NMP 为溶剂，混合均匀后涂覆在泡沫镍集流体上（（1 ×1）cm^2）。60 ℃条件下烘干 12 h 后将涂有活性物质的泡沫镍在 20 MPa 的压力下压成片状工作电极。参比电极为饱和甘汞电极（SCE）；辅助电极为铂片电极；电解液为 6 M KOH。对不同活性物质制备的工作电极分别进行电化学性能的测试。CV 测试的工作电压为：-1.0 ~ -0.1 V。EIS 测试的频率范围为：10 mHz ~ 100 kHz。GCD 测试的工作电压为：-1.0 ~ -0.1 V。通过 GCD 测试曲线可以计算得到电极材料的比电容，计算公式如下：

$$C_m = \frac{I \times \Delta t}{m \times \Delta V} \tag{1}$$

其中，C_m（F/g）为比电容；I（A）为放电电流；Δt（s）为放电时间；m（g）为电极活性物质的质量；ΔV（V）为电压视窗。

采用两电极体系测试材料的电容特性。将配比为活性物质：PVDF = 90：10 的混合电极材料刮涂在铝箔上，60 ℃条件下烘干 12 h 后得到工作电极。以所制备的电极为正负电极，选择适当的电解液，以聚丙烯为隔膜，组装成 2025 扣式两电极对称超级电容器。超级电容器的比电容量计算公式如下：

$$C_{\text{cell}} = \frac{I \times \Delta t}{m \times \Delta V} \tag{2}$$

C_{cell}（F/g）为电容器的比电容量；I（A）为放电电流；Δt（s）为放电时间；m（g）为正负电极活性物质的总质量，本章中 m 约为 5 mg；ΔV（V）为电压视窗。

电容器的能量密度（E）和功率密度（P）按照正负极上活性物质的

总质量计算。计算公式如下：

$$E = \frac{1}{2} C_{cell} \Delta V^2 \tag{3}$$

$$P = \frac{E}{\Delta t} \tag{4}$$

其中，C_{cell}（F/g）为电容器的比电容量；ΔV（V）为电容器的操作电压；Δt（s）为放电时间。

库伦效率根据如下公式计算：

$$\eta = \frac{t_d}{t_c} \tag{5}$$

其中，η 为库伦效率，t_c 和 t_d 为电极时在恒电流充放电过程中的充电时间和放电时间。